图解
机械装配
基础入门

田景亮　田小川　编著

U0231100

化学工业出版社

· 北京 ·

内 容 简 介

《图解机械装配基础入门》以工艺知识为基础，以操作技能为主线，主要内容包括装配钳工应掌握的基本理论和基本技能，以及机械装配的工艺基础知识。本书侧重对实际操作的阐述，通俗易懂、简明扼要，突出实用性、针对性、先进性和系统性。本书可供从事机械装配和维修的技术人员参考使用，也可作为高等职业院校相关专业以及企业职工培训的教材及参考书。

图书在版编目（CIP）数据

图解机械装配基础入门/田景亮，田小川编著. —北京：化学工业出版社，2022.1（2024.6重印）
ISBN 978-7-122-40205-9

Ⅰ.①图… Ⅱ.①田… ②田… Ⅲ.①装配（机械）-图解 Ⅳ.①TH163-64

中国版本图书馆 CIP 数据核字（2021）第 221163 号

责任编辑：王　烨　　　　　　　文字编辑：徐　秀　师明远
责任校对：王佳伟　　　　　　　装帧设计：刘丽华

出版发行：化学工业出版社（北京市东城区青年湖南街 13 号　邮政编码 100011）
印　　装：北京科印技术咨询服务有限公司数码印刷分部
850mm×1168mm　1/32　印张 8½　字数 227 千字
2024 年 6 月北京第 1 版第 4 次印刷

购书咨询：010-64518888　　　　售后服务：010-64518899
网　　址：http://www.cip.com.cn
凡购买本书，如有缺损质量问题，本社销售中心负责调换。

定　　价：58.00 元　　　　　　　　　　　　版权所有　违者必究

前 言 ‹‹‹

　　机械装配是指按照设计的技术要求实现机械零件或部件的连接，把机械零件或部件组合成机器。机械装配是机器制造和维修的重要环节，装配质量的好坏对机器的效能、维修的工期、工作的劳力和成本等都起着非常重要的作用。随着科学技术的迅速发展，高精度、高自动化、多功能、高效率的先进机械设备不断涌现，现代化生产的节拍也越来越快，随之而来是对维修这些机械设备的技术要求越来越高，机械设备的装配质量很大程度上取决于装配钳工的技术水平。在日常工作中，从事装配工作的技术人员很需要一本解决他们经常遇到的一些基本问题的工具书。为满足他们工作、学习的需要，特编写了本书。

　　本书以实用性为主，兼顾先进性、系统性，具有信息量大、标准新、内容全面、数据准确、方便查阅等突出特点。本书还提供了较为丰富的图例，力求图文并茂，内容翔实，便于读者理解及运用。

　　本书以工艺知识为基础、操作技能为主线，力求突出实用性和可操作性。本书主要内容包括装配钳工应掌握的基本理论和基本技能以及机械装配的工艺基础知识。本书可供机械制造行业的机械装配工程技术人员和机械加工工艺人员使用，也可供相关专业的工程技术人员和工科院校师生参考。

　　本书由田景亮、田小川编著。在编写过程中得到行业技术专家、资深专业教师的指导，也参考了相关图书和企业培训资料，在此，一并表示衷心的感谢。

　　本书涉及的范围非常广泛，由于编者水平所限，书中不足之处，敬请广大读者不吝赐教，批评指正。

编著者

目 录 ⋘

第1章

装配作业应掌握的理论基础

1.1 **机械制图基础知识**

　　机械制图是用图样确切表示机械的结构形状、尺寸大小、工作原理和技术要求的学科。图样由图形、符号、文字和数字等组成，是表达设计意图和制造要求以及交流经验的技术文件，常被称为工程界的语言。它是机械装配行业从业者的必修课程。本章仅对机械制图最基本的知识做简单介绍。

1.1.1　图样的种类和图样规定

　　简单地说，图样就是图纸，它是机械生产加工的依据。零件图、工艺图、工艺卡片、装配图等统称为机械图样。

　　机械图样中的一般规定：

　　（1）图幅

　　共有 5 种图幅：A0、A1、A2、A3、A4（前一种图幅的尺寸刚好是后一种图幅的 1 倍）。这与 ISO 标准规定完全一致。

　　（2）图线

　　根据 GB/T 4457.4—2002 规定，机械制图基本线型共有 15 种，常用的线型主要有以下 8 种，即粗实线、细实线、波浪线、双折线、虚线、细点画线、粗点画线和双点画线。本节只介绍 4 种。

粗实线——可见轮廓线，可见过渡线；

虚线——不可见轮廓线，不可见过渡线；

细实线——尺寸线、尺寸界线、剖面线、指引线、螺纹的牙底线；

细点画线——轴线、对称中心线。

（3）图线的宽度

所有线型的图线宽度应在下列数系中选择：0.13mm、0.18mm、0.25mm、0.35mm、0.5mm、0.7mm、1mm、1.4mm、2.0mm。

粗线、中粗线、细线宽度比率为4：2：1。在同一张图样中，同类图线的宽度应一致。

（4）比例

所谓比例，是指图形与其实物相同要素的线性尺寸之比。比值为1的比例为原值比例，比值大于1的比例称为放大比例，比值小于1的比例称为缩小比例。常用的比例种类有如下几种。

原值比例：1：1。

缩小比例：1：1.5、1：2、1：2.5、1：3、1：4、1：6⋯

放大比例：2：1、2.5：1、4：1、5：1⋯

在应用比例时必须注意以下几点：

① 同一机件的各个视图应采用相同的比例，并在标题栏中注明；当某个视图采用不同的比例时，必须在该视图的下方右侧标注比例（有时也在视图上方标注），如图1-1所示。

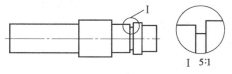

图 1-1　比例示图

② 无论图形按何种比例绘制，所注尺寸应表达机件的实际大小，且为机件的最后完工尺寸。

（5）尺寸标注法

在图样中，零件的大小由尺寸来表示：

① 尺寸组成要素 尺寸界线、尺寸线、尺寸数字（见图 1-2）。

② 尺寸数字前的符号区分不同类型的尺寸：

ϕ 表示直径；

r 表示半径；

s 表示球面；

t 表示板状零件厚度；

□ 表示正方形；

∠ 表示斜度。

③ 识读尺寸时应注意的几个问题：

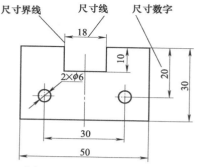

图 1-2 标注尺寸的三要素

a. 机件的真实大小以图样上所标注尺寸的数值为依据，与图形的大小及绘图比例的准确性无关。

b. 机械图样中的尺寸，如果是以 mm 为单位的，不用在数字后标出，如采用其他单位的，则必须注出计量单位的代号。

c. 水平方向的尺寸数字标注在尺寸线的上方，字头向上；垂直方向的尺寸数字标注在尺寸线左侧，字头朝左；角度的尺寸数字一律写成水平方向，一般标注在尺寸线的中断处，也可写在旁边。

d. 圆或大于半圆的圆弧应注明直径尺寸，并在尺寸数字前加注直径符号 ϕ，半圆或小于半圆的圆弧应注明半径尺寸，并在尺寸数字前加注半径符号 R；球或球面的直径和半径的尺寸数字前分别标注符号 Sϕ、SR。

e. 常见结构狭小部位的尺寸标注 对于小尺寸，在没有足够的位置画箭头或注写数字时，箭头可画在外面，或用小圆点代替两个箭头，尺寸数字也可采用旁注或引出标注（见图 1-3）。

1.1.2 三视图与剖视图

（1）三视图

三视图是观测者从上面、左面、正面三个不同角度观察同一个空间几何体而画出的图形。

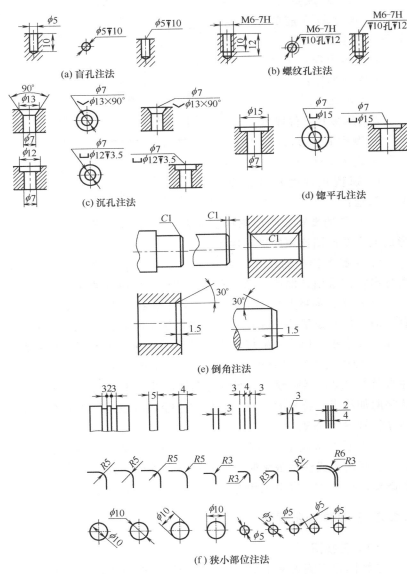

(a) 盲孔注法

(b) 螺纹孔注法

(c) 沉孔注法

(d) 锪平孔注法

(e) 倒角注法

(f) 狭小部位注法

图 1-3　常见结构狭小部位的尺寸标注

将人的视线规定为平行投影线，然后正对着物体看过去，将所见物体的轮廓用正投影法绘制出来的图形称为视图。一个物体有六个视图：从物体的前面向后面投射所得的视图称为主视图（正视图），能反映物体前面的形状；从物体的上面向下面投射所得的视图称为俯视图，能反映物体上面的形状；从物体的左面向右面投射所得的视图称为左视图（侧视图），能反映物体左面的形状。还有其他三个视图不是很常用。三视图就是主视图（正视图）、俯视图、左视图（侧视图）的总称。

三投影面体系的建立：三投影面体系由三个互相垂直的投影面组成（见图1-4）。三个投影面分别为：正投影面，简称正面，用 V 表示；水平投影面，简称水平面，用 H 表示；侧立投影面，简称侧面，用 W 表示。两投影面的交线称为投影轴。V 面与 H 面的交线称为 X 轴，H 面与 W 面的交线称为 Y 轴，W 面与 V 面的交线称为 Z 轴。三根坐标轴互相垂直，其交点 O 称为原点。

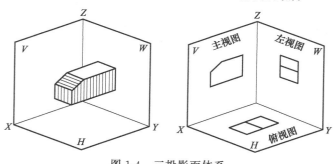

图 1-4　三投影面体系

在机械制图中，一般三视图的摆放位置如图1-5所示。

从三视图中我们可以看出主视图反映机件的长和高；俯视图反映机件的长和宽；左视图反映机件的高和宽。由此得出三视图的特性：主、俯视图长对正；主、左视图高平齐；俯、左视图宽相等，前后对应。

（2）剖视图

假想用剖切面（平面或柱面）剖开机件，将处在观察者与剖切平面之间的部分移去，而将剩下部分向投影面投影所得到的图形，称为剖视图（简称剖视）。如图 1-6 所示。

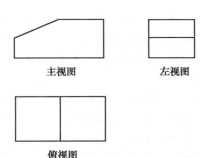

主视图　　　　左视图

俯视图

图 1-5　三视图的摆放位置

根据剖切面剖开机件的范围划分，剖视图可分为三种：全剖视图、半剖视图和局部剖视图。

① 全剖视图　假想用剖切面完全地剖开机件所得的剖视图，称为全剖视图，如图 1-7 所示。

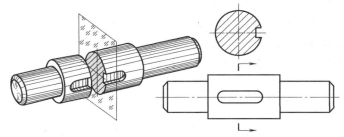

图 1-6　剖视图

全剖视图用于表达外形简单（或外形已在其他视图上表达清楚）、内形复杂的机件。

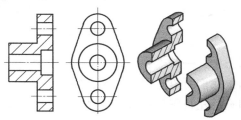

图 1-7　全剖视图

② 半剖视图　半剖视图是当物体具有对称平面时，向垂直于对称平面的投影面上投射所得的图形，以对称中心线为界，一半画

成视图，另一半画成剖视图的组合图形，如图1-8所示。

由于半剖视图既充分地表达了机件的内部形状，又保留了机件的外部形状，所以常采用它来表达内外部形状都比较复杂的对称机件。

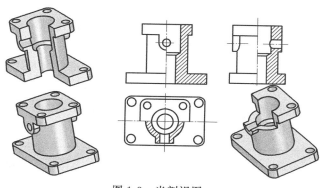

图1-8　半剖视图

③ 局部剖视图　假想用剖切面局部地剖开机件所得的剖视图，称为局部剖视图，简称为局部剖视，如图1-9所示。

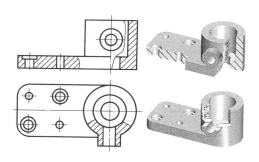

图1-9　局部剖视图

1.1.3　零件图与装配图

机械制图是用图样确切表示机械的结构形状、尺寸大小、工作原理和技术要求的学科。图样就是某个物体在图纸上的样子，它由图形、符号、文字和数字等组成，是表达设计意图和制造要求以及交流经验的技术文件，它是机械装配钳工必须掌握的一门理论知识。机械图样按表达对象来分，最常见的有零件图、装配图两种，也有工艺图、工艺卡片等。

（1）零件图

零件图是表达单个零件形状、大小和特征的图样，也是在制造和检验机器零件时所用的图样，又称为零件工作图。在生产过程中，根据零件图样和图样的技术要求进行生产准备、加工制造及检验。因此，它是指导零件生产的重要技术文件。

1）零件图的内容　图 1-10 为泵轴的零件图，为了满足生产需要，一张完整的零件图应包括下列基本内容：

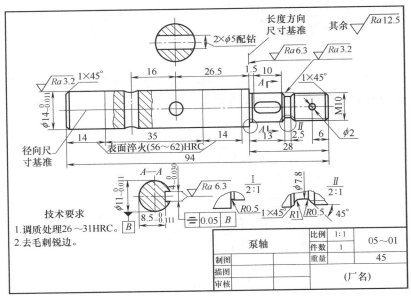

图 1-10　泵轴的零件图

① 一组视图　要综合运用视图、剖视、剖面及其他规定和简化画法，选择能把零件的内、外结构形状表达清楚的一组视图（见图 1-10）。

② 完整的尺寸　用以确定零件各部分的大小和位置。零件图上应标注出加工制造和检验零件所需的全部尺寸。

③ 技术要求　用一些规定的符号、数字以及文字注解等表示出零件制造后在技术指标上所应达到的要求。主要包括：表面粗糙度、公差与配合、形状和位置公差（简称形位公差）、零件的表面处理、热处理、检验要求等。

④ 标题栏　说明零件的名称、材料、数量、图的编号、比例以及描绘、审核人员签字等。

2）零件图的看图步骤

① 读标题栏　了解零件的名称、材料、画图的比例、重量等。

② 分析视图，想象形状　读零件的内、外形状和结构，是读零件图的重点。组合体的读图方法（包括视图、剖视、剖面等），仍然适用于读零件图。

从基本视图可以看出零件基本的内外形状；结合局部视图、斜视图以及剖面等表达方法，读懂零件的局部或斜面的形状；同时，也从设计和加工方面的要求，了解零件的一些结构作用。

③ 分析尺寸和技术要求　了解零件各部分的定形、定位尺寸和零件的总体尺寸，以及注写尺寸时所用的基准。还要读懂技术要求，如表面粗糙度、公差与配合等内容。

④ 综合考虑　把读懂的结构形状、尺寸标注和技术要求等内容综合起来，就能比较全面地读懂零件图。

有时为了读懂比较复杂的零件图，还须参考有关技术资料，包括零件所在的部件装配图以及与它有关的零件图。

综合前面的分析，把图形、尺寸和技术要求等全面系统地联系起来思索，并参阅相关资料，得出零件的整体结构、尺寸大小、技术要求及零件的作用等完整的概念。

必须指出，在看零件图的过程中，上述步骤不能机械地分开，往往是一起进行的。另外，对于较复杂的零件图，往往要参考有关技术资料，如装配图、相关零件的零件图及说明书等，才能完全看懂。对于有些表达不够理想的零件图，需要反复仔细地分析才能看懂。

（2）装配图

装配图是表达机器或部件的图样，主要表达其工作原理和装配关系。在机器设计过程中，装配图的绘制位于零件图之前，并且装配图与零件图的表达内容不同，它主要用于机器或部件的装配、调试、安装、维修等场合，也是生产中重要的技术文件。

1）装配图的主要内容

① 装配图必须正确、完整、清晰地表达产品或部件的工作原理、各组成零件间的相互位置和装配关系，以及主要零件的结构形状，如图 1-11 所示。

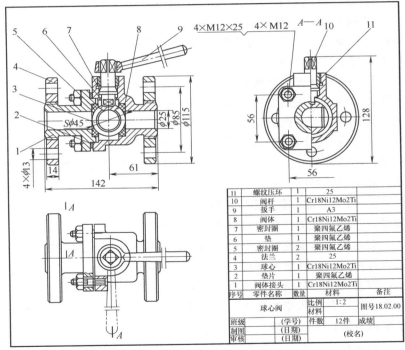

11	螺纹压环	1	25	
10	阀杆	1	Cr18Ni12Mo2Ti	
9	扳手	1	A3	
8	阀体	1	Cr18Ni12Mo2Ti	
7	密封圈	1	聚四氟乙烯	
6	垫	1	聚四氟乙烯	
5	密封圈	2	聚四氟乙烯	
4	法兰	2	25	
3	球心	1	Cr18Ni12Mo2Ti	
2	垫片	1	聚四氟乙烯	
1	阀体接头	1	Cr18Ni12Mo2Ti	
序号	零件名称	数量	材料	备注

球心阀		比例	1:2	图号18.02.00
		材料		
班级	（学号）	件数	12件	成绩
制图	（日期）			
审核	（日期）		（校名）	

图 1-11　阀的装配图

② **必要的尺寸**　标注出反映产品或部件的规格、外形、装配、安装所需的必要尺寸和一些重要尺寸。

③ 技术要求　在装配图中用文字或国家标准规定的符号注写出该装配体在装配、检验、使用等方面的要求。

④ 零部件序号、标题栏和明细栏　按国家标准规定的格式绘制标题栏和明细栏，并按一定格式将零部件进行编号，填写标题栏和明细栏。

2）读装配图的方法　根据读装配图的基本要求，读装配图的一般步骤和方法如下：

① 概括了解　一看装配图的标题栏，了解机器或部件的名称；

二看明细栏，了解组成机器或部件的各零件名称、数量、材料，以及标准件的规格代号；

三是根据画图比例、视图大小和外形尺寸，了解机器或部件的大小。

条件许可的话，还可查阅相关的说明书和技术资料，或联系生产实践知识，进一步了解机器或部件的性能、用途和工作原理。

② 分析视图　主要是搞清楚装配图中共有哪些视图？采用了哪些表达方法？找出各个视图之间的投影关系，并分析各个视图所表达的内容和画该视图的目的。

分析视图一般从主视图开始，按照投影关系识别其他视图，找出剖视图、断面图所对应的部切位置，及各视图表达方法的名称，从而明确各视图表达的重点和意图，为下一步深入读图作准备。

③ 工作原理和装配关系的分析　这是深入阅读装配图的重要阶段。要按各条装配干线来分析机器或部件的装配关系和工作原理，搞清楚各零件的定位形式、连接方式、配合要求，有关零件的运动原理和装配关系，润滑、密封系统的结构形式等。

④ 零件分析　随着看图的逐步深入，进入了分析零件的阶段。

主要是根据装配图，分离出各零件，进一步分析每个零件的结构形状和作用。

一台机器或部件上，有标准件、常用件和专用件。对于前两种零件，通常是容易看懂的；对于专用件，其结构有简有繁，它们的作用和位置又各不相同，可根据对应的投影关系、同一零件的剖面线方向和间隔相同等特点，再结合形体分析、线面分析、零件常见工艺结构的分析，就能想出它们的形状。

这是深入阅读装配图的重要阶段，要按各条装配干线来分析。

⑤ 归纳总结　通过以上的读图分析后，对所画的机器或部件有了比较完整的了解，接下来就是结合图上所注的尺寸及技术要求，对全图有一综合认识。

最后，通过归纳总结，加深对机器或部件的认识，完成读装配图的全过程，为拆画零件图奠定基础。

▶ 1.2　几何公差的基本概念

几何公差即旧标准中的"形状和位置公差"，几何公差的研究对象是几何要素参数。公差，是指实际参数值的允许变动量。参数，既包括机械加工中的几何参数，也包括物理、化学、电学等学科的参数，所以说公差是一个使用范围很广的概念。对于机械制造和装配来说，制定公差的目的就是为了确定产品的几何参数，使其变动量在一定的范围之内，以便达到互换或配合的要求。

1.2.1　几何公差的基本术语

几何公差的基本术语见表 1-1。

表 1-1　几何公差的基本术语

序号	术语	定　　义
1	要素	构成零件几何特征的点、线或面。这些要素可以是组成要素（如圆柱体的外表面），也可以是导出要素（如中心线或中心面）
2	实际要素	零件上实际存在的要素，由无限个点组成，分为实际组成要素和实际导出要素
3	提取要素	按规定方法，由实际要素提取有限数目的点所形成的实际要素的近似替代
4	被测要素	在图样上给出了几何公差要求的要素

序号	术语	定　义
5	基准要素	用来确定理想被测要素的方向或（和）位置或（和）跳动的要素
6	单一要素	仅对要素本身给出几何公差要求的要素
7	关联要素	对基准要素有功能关系要求而给出方向、位置、跳动公差要求的要素
8	形状公差	单一提取要素的形状所允许的变动全量
9	方向公差	关联提取要素对基准在方向上允许的变动全量
10	位置公差	关联提取要素对基准在位置上允许的变动全量
11	跳动公差	关联实际要素绕基准回转一周或连续回转所允许的最大跳动量

1.2.2　几何公差的特征符号

几何公差的特征符号见表 1-2。

表 1-2　几何公差的特征符号

公差	特征项目	符号	有或无基准要求
形状公差	直线度	—	无
	平面度	▭	无
	圆度	○	无
	圆柱度	⌭	无
	线轮廓度	⌒	无
	面轮廓度	◠	无
方向公差	平行度	//	有
	垂直度	⊥	有
	倾斜度	∠	有
	线轮廓度	⌒	有
	面轮廓度	◠	有

公差	特征项目	符号	有或无基准要求
位置公差	位置度	⊕	有或无
	同轴(同心)度	◎	有
	对称度	=	有
	线轮廓度	⌒	有
	面轮廓度	⌓	有
跳动公差	圆跳动	⟋	有
	全跳动	⟋⟋	有

1.2.3 几何公差的附加符号

几何公差的附加符号见表 1-3。

表 1-3 几何公差的附加符号

说明	符号	说明	符号
被测要素		延伸公差带	Ⓟ
		自由状态(非刚性零件)条件	Ⓕ
基准要素	A A	全周(轮廓)	○
基准目标	φ2/A1	公共公差带	CZ
理论正确尺寸	50	小径	LD
		大径	MD
包容要求	Ⓔ	中径、节径	PD
最大实体要求	Ⓜ	线素	LE
最小实体要求	Ⓛ	不凸起	NC
可逆要求	Ⓡ	任意横截面	ACS

1.2.4 几何公差的标注

（1）公差框格的标注
几何公差应标注在矩形框内，如图 1-12 所示。

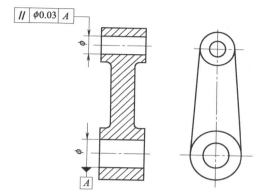

图 1-12 公差框格的标注（一）

矩形公差框格由两格或多格组成，框格从左至右填写，各格内容见图 1-13。

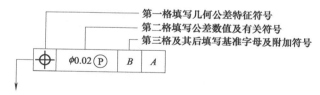

图 1-13 公差框格各格填写内容

公差框格的第二格内填写的公差值用线性值，公差带为圆形或圆柱形时，应在公差值前边加注 ϕ，若是球形则加注 $S\phi$。

当一个以上要素作为该项几何公差的被测要素时，应在公差框格的上方注明，见图 1-14。

对同一要素有一个以上公差特征项目要求时，为了简化可将两个框格叠在一起标注，见图 1-15。

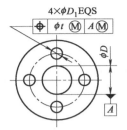

图 1-14 公差框格的标注（二）

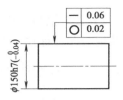

图 1-15 公差框格的标注（三）

（2）被测要素的标注

用带箭头的指引线将公差框格与被测要素相连。被测要素为轮廓线或表面时，将箭头指到要素的轮廓线、表面或它们的延长线上，指引线的箭头应与尺寸线的箭头明显地错开，见图 1-16。

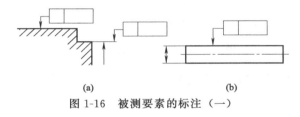

(a)   (b)

图 1-16 被测要素的标注（一）

被测要素为轴线或中心平面，或由带尺寸要素确定的点时，带箭头的指引线应与尺寸线的延长线重合，见图 1-17。

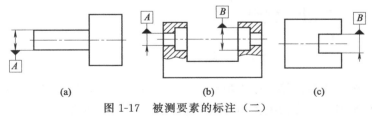

(a)   (b)   (c)

图 1-17 被测要素的标注（二）

当指向实际表面（表面形状的投影）时，箭头可指在带点的参考线上，而该点指在实际表面上，见图 1-18。

（3）基准要素的标注

相对于被测要素的基准要素，由基准字母表示，字母标注在基准方格内，用一条细实线与一个涂黑或空白的三角形（两种形式同等的含义）相连，形成基准符号，如图 1-19 所示。表示基准的字母，还应按基准的优先次序标注在公差框格内。

当基准要素为轮廓线或轮廓面时，基准符号标注在要素的轮廓线、表面或它们的延长线上。基准符号与尺寸线明显错开，如图 1-20 所示。

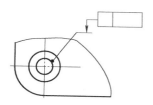

图 1-18　被测要素的标注（三）

图 1-19　基准要素的标注（一）

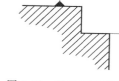

图 1-20　基准要素的标注（二）

当基准要素是尺寸要素确定的轴线、中心平面或中心线时，基准符号应对准尺寸线，亦可以由基准符号代替相应的一个箭头，如图 1-21 所示。

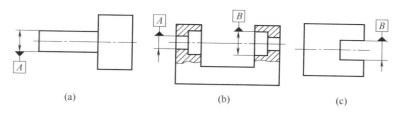

(a)　　　　　　　　(b)　　　　　　　　(c)

图 1-21　基准要素的标注（三）

基准符号亦可标注在用圆点从轮廓表面引出的基准线上，如图 1-22 所示。

基准符号中的基准方格不能斜放，必要时基准方格与黑色三角形的连线可用折线，如图 1-23 所示。

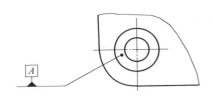

由两个要素组成的公共基准，在公差框格中标注成一横线隔开的两个大写字母，如图1-24所示标注的 A-B。

图 1-22 基准要素的标注（四）

在由两个或三个要素组成的基准体系中，公差框格中标注的代表基准的大写字母，应按基准的优先次序从左至右分别注写在各格中，如图1-25所示。

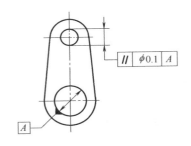

图 1-23 基准要素的标注（五）

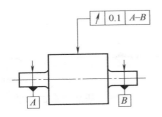

图 1-24 基准要素的标注（六）

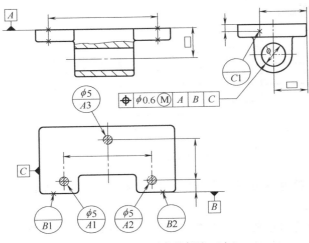

图 1-25 基准要素的标注（七）

公差配合的基本概念

在机械装配中，公差配合是一门技术含量很高的学科，公差包括尺寸公差和形位公差。之所以有公差这个概念，是为了零部件能实现互换性，提高生产效率。在装配零部件时，经常会有孔轴配合和其他配合形式，因实际加工时或多或少都会存在误差，为了保证零部件之间能正确配合，所以必须对配合尺寸的变动范围进行控制，因此就有了公差和偏差的概念，其中孔轴配合是机械中最常用的配合。本节主要介绍公差与配合中的一些最基本的知识。

1.3.1 公差配合的术语及定义

公差配合的术语及定义见表1-4。

表 1-4 公差配合的术语及定义

序号	术语	定义	举例与说明
1	尺寸要素	由一定大小的线性尺寸或角度尺寸确定的几何形状	如圆柱形或球形，或两平行对应面等。尺寸要素具有如下特点：包括相对的要素和表面；可用于建立轴、中面或中点；和尺寸有关
2	公称尺寸	由图样规范确定的理想形状要素的尺寸	如果根据受力和材料强度，计算得到轴的直径为50mm，"50mm"就是设计给定的尺寸（在以前的版本中公称尺寸称为基本尺寸）
3	极限尺寸	尺寸要素允许的尺寸的两个极端	提取组成要素的局部尺寸应位于其中，也可达到极限尺寸
4	上极限尺寸	尺寸要素允许的最大尺寸	在以前的版本中，上极限尺寸被称为最大极限尺寸
5	下极限尺寸	尺寸要素允许的最小尺寸	在以前的版本中，下极限尺寸被称为最小极限尺寸
6	零线	在极限与配合图解中，表示公称尺寸的一条直线	通常以零线为基准确定偏差和公差
7	偏差	某一尺寸减其公称尺寸所得的代数差	

序号	术语	定义	举例与说明
8	极限偏差	极限尺寸减其公称尺寸所得的代数差,有上极限偏差和下极限偏差之分	上极限尺寸－公称尺寸＝上极限偏差(孔为 ES,轴为 es) 下极限尺寸－公称尺寸＝下极限偏差(孔为 EI,轴为 ei) 上、下极限偏差可以是正值、负值或零
9	基本偏差	在标准极限与配合中,确定公差带相对零线位置的上极限偏差或下极限偏差,一般为靠近零线的那个偏差	基本偏差有两大系列:标准公差(大小)和基本偏差(位置)
10	公差带	在公差带图中,由代表上极限偏差和下极限偏差或上极限尺寸和下极限尺寸的两条直线所限定的一个区域	实际上就是尺寸公差所表示的那个区域
11	配合	公称尺寸相同的并且相互结合的孔和轴公差带之间的关系	根据使用的要求不同,孔和轴之间的配合有松有紧,因而配合分为三类,即间隙配合、过盈配合和过渡配合
12	间隙配合	孔与轴装配时,具有间隙(包括最小间隙等于零)的配合	实际孔的尺寸一定大于实际轴的尺寸,孔、轴之间产生间隙,可相对运动
13	过盈配合	孔与轴装配时,具有过盈(包括最小过盈等于零)的配合	实际孔的尺寸一定小于实际轴的尺寸,孔、轴之间产生过盈,需在外力作用下轴与孔才能结合
14	过渡配合	孔与轴装配时,可能具有间隙或过盈的配合	孔的公差带与轴的公差带相互交叠
15	基孔制配合	基本偏差为一定的孔的公差带,与不同基本偏差的轴的公差带形成各种配合的一种制度	用代号 H 表示(下极限偏差为零)。采用基孔制时的轴为非基准件,或称为配合件
16	基轴制配合	基本偏差为一定的轴的公差带,与不同基本偏差的孔的公差带形成各种配合的一种制度	用代号 h 表示(上极限偏差为零)。采用基轴制时的孔为非基准件,或称为配合件

1.3.2 公差配合的种类和等级

（1）配合的种类

国家标准规定有两种基准制度，即基孔制与基轴制。根据孔和轴公差带之间的关系，国家标准将配合分为三种类型，即间隙配合、过盈配合、过渡配合（详见表1-5所示）。

表1-5　公差配合的种类及公差带图

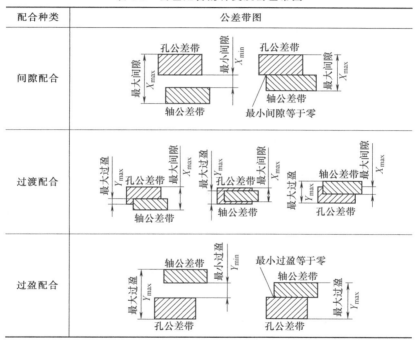

配合种类	公差带图
间隙配合	
过渡配合	
过盈配合	

① 间隙配合　具有间隙（包括最小间隙等于零）的配合称为间隙配合。此时，孔的公差带在轴的公差带之上。

由于孔、轴的实际尺寸允许在各自的公差带内变动，所以孔、轴配合的间隙也是变动的。当孔为最大极限尺寸而轴为最小极限尺寸时，装配后的孔、轴为最松的配合状态，称为最大间隙 $X_{\max}$；当孔为最小极限尺寸而轴为最大极限尺寸时，装配后的孔、轴为最紧的配合状态，称为最小间隙 X_{min}。

② 过盈配合　具有过盈（包括最小过盈等于零）的配合称为过盈配合。此时，孔的公差带在轴的公差带之下。

在过盈配合中，孔的最大极限尺寸减轴的最小极限尺寸所得的差值为最小过盈 Y_{min}，是孔、轴配合的最松状态；孔的最小极限尺寸减轴的最大极限尺寸所得的差值为最大过盈 Y_{max}，是孔、轴配合的最紧状态。

③ 过渡配合　可能具有间隙或过盈的配合称为过渡配合。此时，孔的公差带与轴的公差带交叠。

孔的最大极限尺寸减轴的最小极限尺寸所得的差值为最大间隙 X_{max}，是孔、轴配合的最松状态；孔的最小极限尺寸减轴的最大极限尺寸所得的差值为最大过盈 Y_{max}，是孔、轴配合的最紧状态。

（2）三种配合类别的区别

① 间隙配合

a. 孔的实际尺寸永远大于或等于轴的实际尺寸。

b. 孔的公差带在轴的公差带的上方。

c. 允许孔轴配合后能产生相对运动。

② 过盈配合

a. 孔的实际尺寸永远小于或等于轴的实际尺寸。

b. 孔的公差带在轴的公差带的下方。

c. 允许孔轴配合后使零件位置固定或传递载荷。

③ 过渡配合

a. 孔的实际尺寸可能大于或小于轴的实际尺寸。

b. 孔的公差带与轴的公差带相互交叠。

c. 孔轴配合时，可能存在间隙，也可能存在过盈。

（3）公差的等级

标准公差是由国家标准规定的，用于确定公差带大小的任一公差。公差等级确定尺寸的精确程度，国家标准把公差等级分为 20 个等级，分别用 IT01、IT0、IT1～IT18 表示，称为标准公差。

当基本尺寸一定时，公差等级愈高，标准公差值愈大，尺寸的精确度就愈低。基本尺寸和公差等级相同的孔与轴，它们的标准公差相等。为了使用方便，国家标准把≤500的基本尺寸范围分为13个尺寸段，按不同的公差等级对应各个尺寸分段规定出公差值，并用表的形式列出。具体加工等级如表1-6所示。

表1-6　加工等级

阶段名称	尺寸公差等级范围	尺寸公差值/μm	相应加工方法
粗加工	IT12～IT11	25～12.5	粗车镗铣刨,钻孔
半精加工	IT10～IT9	6.3～3.2	半精车镗铣刨,扩孔等
一般精加工	IT8～IT7	1.6～0.8	精车镗铣刨,粗磨拉铰等
精密精加工	IT7～IT6	0.8～0.2	精粗磨拉铰等
精密加工	IT5～IT3	0.1～0.008	研磨、珩磨、超精细加工等
超精密加工	高于IT3	0.012或更低	金刚石刀具切削、超精密磨削和抛光等

1.3.3　公差配合在机械装配中的应用

（1）基孔制和基轴制的选择

基准制是选择孔轴间各种平衡关系的前提，被分为基孔制和基轴制两种系列。

基孔制是基本偏差为一定的孔的公差带，与不同基本偏差的轴的公差带形成各种配合的一种制度。基孔制的特点是孔为基准孔，其下偏差为零。

基轴制是基本偏差为一定的轴的公差带，与不同基本偏差的孔的公差带形成各种配合的一种制度。基轴制的特点是轴为基准轴，其上偏差为零。

装配时基轴制的选择原则是：

① 一般情况下，要优先选用基孔制。相对来说，加工孔要比加工轴困难。采用基孔制，通过改变轴的尺寸和基准孔相配，加工起来方便，工艺性好，又有利于减少加工同一公称尺寸而配合不同的孔，减少所需标准刀具和量具的总数，减少总的生产投入。例

如，要做出基本尺寸相同、公差等级相同，而种类不同的三种孔轴配合，若加工孔时应选用尺寸固定的刀具和量具，如塞规和芯轴等。那么，用基孔制配合时，进行这道工序只要用一种尺寸的刀具和量具来加工测量就可以了。然而，用基轴制配合时，就要用三种尺寸的刀具和量具才行。

② 在维修中，若直接截取冷压钢材做轴，外圆不再进行加工，可采用基轴制，在加工孔中实现配合要求。这种情况在农业机械和纺织机械的维修中是常有的事情。

③ 与标准件配合的零件，基轴制的选择应依照标准件来定。例如，与滚动轴承内圈配合的轴应按基孔制加工。安装滚动轴承外圈的箱体孔应采用基轴制进行加工。

④ 维修件的基准制应根据相配件的具体情况进行选配。例如，经常需要更换的轴套，其外径应以箱体孔为基准孔，按基孔制进行加工，以轴配孔，其内径应以设备原有的轴为基轴，按基轴制进行加工，以孔配轴。

⑤ 由于结构原因必须采用多件配合时，应根据装配要求，具体分析情况，选用合适的基准制。例如，对于图 1-26 所示的一轴穿过两孔和一轴穿过三孔的组件，当要求件 1 和件 3 为过盈配合的时候，若采用基轴制，轴就可以做成无台阶的光滑轴，只要改变孔径尺寸就可以很容易地实现配合的要求；若采用基孔制，

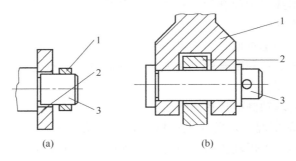

(a)   (b)

图 1-26　孔轴的组件配合

1—过盈配合；2—间隙配合；3—轴

就必须把轴加工成台阶轴，这样，组装起来既不方便，还会使轴的大端擦伤间隙配合孔的表面，影响装配质量，同时又削弱了轴的强度。

（2）公差等级的选择

选择公差等级是为了解决零件使用要求和制造工艺、生产成本之间的矛盾。

① 选择公差等级首先要能满足使用要求。常用的配合尺寸一般采用的公差等级为IT5～IT11；特别精密零件的配合尺寸一般采用的公差等级为IT2～IT5；非配合尺寸制造时，一般采用的公差等级为IT12～IT18。

② 选择公差等级要考虑工艺实现的可能性。在满足使用的前提下，应尽可能地选择较低的公差等级以降低加工成本。在生产过程中，产品精度的提高会明显增加生产成本，因此选择公差等级一定要慎重。首先要对各种加工方法能达到的公差等级做到心中有数。然后，再根据工艺设备的条件进行综合考虑。机械维修中，常用的各种加工方法能达到的公差等级情况如表1-7所示。

表 1-7　机械常用加工方法的加工精度

加工方法	公差等级														
	01	0	1	2	3	4	5	6	7	8	9	10	11	12	13
研磨															
珩磨															
圆磨															
平磨															
铰孔															
车															
镗															
铣															
刨插															
钻孔															

③ 维修件选择公差等级还要考虑相配零件的精度及装配要求等。例如，与滚动轴承配合的轴径和箱体轴承孔的精度，要根据滚动轴承的负荷类型、工作范围、轴承是外圈旋转还是内圈旋转、轴承的尺寸大小和精度等情况进行选择。齿轮孔与轴的配合精度要根据齿轮的精度来选择。配修零件的精度要根据相配件的实际尺寸、装配精度要求情况和配合种类等进行选择。

（3）配合的选择

选择配合首先要采用优先公差带及优先配合；其次采用常用公差带及常用配合；然后才采用一般用途的公差带及一般配合。配合的优先选择分别见表 1-8 和表 1-9。

表 1-8　基孔制优先常用配合

基准孔	轴										
	a	b	c	d	e	f	g	h	js	k	m
	间隙配合								过渡配合		
H6						H6/f5	H6/g5	H6/h5	H6/js5	H6/k5	H6/m5
H7						H7/f6	*H7/g6	*H7/h6	H7/js6	*H7/k6	H7/m6
H8					H8/e7	*H8/f7	H8/g7	*H8/h7	H8/js7	H8/k7	H8/m7
				H8/d8	H8/e8	H8/f8		H8/h8			
H9			H9/c9	*H9/d9	H9/e9	H9/f9		*H9/h9			
H10			H10/c10	H10/d10				H10/h10			
H11	H11/a11	H11/b11	*H11/c11	H11/d11				*H11/h11			
H12		H12/b12						H12/h12			

基准孔	轴									
	n	p	r	s	t	u	v	x	y	z
	过盈配合									
H6	H6/n5	H6/p5	H6/r5	H6/s5	H6/t5					
H7	* H7/n6	* H7/p6	H7/r6	H7/s6	H7/t6	* H7/u6	H7/v6	H7/x6	H7/y7	H7/z6
H8	H8/n7	H8/p7	H8/r7	H8/s7	H8/t7	H8/u7				
H9										
H10										
H11										
H12										

注：1. H6/n5、H7/p6 在公称尺寸小于或等于 3mm 和 H8/r7 在公称尺寸小于或等于 100mm 时，为过渡配合。

2. 标注 * 的配合为优先配合。

表 1-9　基轴制优先常用配合

基准轴	孔										
	A	B	C	D	E	F	G	H	JS	K	M
	间隙配合								过渡配合		
h5						F6/h5	G6/h5	H6/h5	JS6/h5	K6/h5	M6/h5
h6						F7/h6	* G7/h6	* H7/h6	JS7/h6	* K7/h6	M7/h6
h7					E8/h7	* F8/h7		* H8/h7	JS8/h7	K8/h7	M8/h7
h8				D8/h8	E8/h8	F8/h8		H8/h8			
h9				* D9/h9	E9/h9	F9/h9		* H9/h9			

续表

基准轴	孔										
	A	B	C	D	E	F	G	H	JS	K	M
	间隙配合								过渡配合		
h10				D10/h10				H10/h10			
h11	A11/h11	B11/h11	*C11/h11	D11/h11				*H11/h11			
h12		B12/h12						H12/h12			

基准轴	孔									
	N	P	R	S	T	U	V	X	Y	Z
	过盈配合									
h5	N6/h5	P6/h5	R6/h5	S6/h5	T6/h5					
h6	*N7/h6	*P7/h6	R7/h6	*S7/h6	T7/h6	*U7/h6				
h7	N8/h7									
H8										
H9										
H10										
H11										
H12										

注：标注 * 的配合为优先配合。

1.4　表面粗糙度

零件的表面粗糙度是影响机械装配的重要因素。表面粗糙度与机械零件的配合性质、耐磨性、疲劳强度、接触刚度、振动和噪声等有密切关系，对机械产品的使用寿命和可靠性都有重要影响。

1.4.1　表面粗糙度的基本概念

　　零件表面上具有较小间距的峰谷所组成的微观几何形状特性，称为表面粗糙度。表面粗糙度是指加工表面具有的较小间距和微小峰谷的不平度。其两波峰或两波谷之间的距离（波距）很小（在1mm以下），属于微观几何形状误差。表面粗糙度值越小，则表面越光滑。

　　表面粗糙度一般是由所采用的加工方法和其他因素所形成的，例如加工过程中刀具与零件表面间的摩擦、切屑分离时表面层金属的塑性变形以及工艺系统中的高频振动等。由于加工方法和工件材料的不同，被加工表面留下痕迹的深浅、疏密、形状和纹理都有差别。表面粗糙度对零件的影响主要表现在以下几个方面：

　　① 影响耐磨性。表面越粗糙，配合表面间的有效接触面积越小，压强越大，摩擦阻力越大，磨损就越快。

　　② 影响配合的稳定性。对间隙配合来说，表面越粗糙，就越易磨损，使工作过程中间隙逐渐增大；对过盈配合来说，由于装配时将微观凸峰挤平，减小了实际有效过盈，降低了连接强度。

　　③ 影响疲劳强度。粗糙零件的表面存在较大的波谷，它们像尖角缺口和裂纹一样，对应力集中很敏感，从而影响零件的疲劳强度。

　　④ 影响耐腐蚀性。粗糙的零件表面，易使腐蚀性气体或液体通过表面的微观凹谷渗入到金属内层，造成表面腐蚀。

　　⑤ 影响密封性。粗糙的表面之间无法严密地贴合，气体或液体通过接触面间的缝隙渗漏。

　　⑥ 影响接触刚度。接触刚度是零件结合面在外力作用下，抵抗接触变形的能力。机器的刚度在很大程度上取决于各零件之间的接触刚度。

　　⑦ 影响测量精度。零件被测表面和测量工具测量面的表面粗糙度都会直接影响测量的精度，尤其是在精密测量时。

　　此外，表面粗糙度对零件的镀涂层、导热性和接触电阻、反射能力和辐射性能、液体和气体流动的阻力都有影响。

1.4.2 表面粗糙度的标注法

（1）表面结构的符号（表1-10）

表1-10 表面结构的符号

符号名称	符　号	含　　义
基本图形符号	√	未指定工艺方法的表面,当通过一个注释解释时可单独使用
扩展图形符号	⩗	用去除材料的方法获得的表面;仅当其含义是"被加工表面"时可单独使用
	⩗	不去除材料的表面,也可用于表示保持上道工序形成的表面,不管这种状况是通过去除材料或不去除材料形成的
完整图形符号	√ ⩗ ⩗	在以上各种图形符号的长边上加一横线,以便注写对表面结构的各种要求

（2）表面结构代号的含义（表1-11）

表1-11 表面结构代号的含义

序号	代号示例	含义/解释	补充说明
1	$\sqrt{Ra\,0.8}$	表示不允许去除材料,单向上限值,默认传输带,R轮廓,算术平均偏差为$0.8\mu m$,评定长度为5个取样长度(默认),"16%规则"(默认)	参数代号与极限值之间应留空格(下同),本例未标注传输带,应理解为默认传输带,此时取样长度可由GB/T 10610—2009 和GB/T 6062—2009中查取
2	$\sqrt{Rzmax\,0.2}$	表示去除材料,单向上限值,默认传输带,R轮廓,粗糙度最大高度的最大值为$0.2\mu m$,评定长度为5个取样长度(默认),"最大规则"	示例1～4均为单向极限要求,且均为单向上限值,则均可不加注"U",若为单向下限值,则应加注"L"

序号	代号示例	含义/解释	补充说明
3	$\sqrt{0.008-0.8/Ra\,3.2}$	表示去除材料,单向上限值,传输带 0.008~0.8mm,R 轮廓,算术平均偏差为 3.2μm,评定长度为 5 个取样长度(默认),"16%规则"(默认)	传输带"0.008-0.8"中的前后数值分别为短波和长波滤波器的截止波长(λ_s、λ_c),以示波长范围。此时取样长度等于 λ_s,则 l_c =0.8mm
4	$\sqrt{-0.8/Ra\,3\,3.2}$	表示去除材料,单向上限值, 传输带: 根据 GB/T 6062—2009,取样长度 0.8mm(λ_s 默认 0.0025mm),R 轮廓,算术平均偏差为 3.2μm,评定长度为 3 个取样长度,"16%规则"(默认)	传输带仅注出一个截止波长值(本例 0.8 表示 λ_s 值)时,另一截止波长值 λ_s 应理解成默认值,由 GB/T 6062—2009 中查知 λ_s = 0.0025mm
5	$\sqrt{}$ U Ramax 3.2 L Ra 0.8	表示不允许去除材料,双向极限值,两极限值均使用默认传输带,R 轮廓,上限值:算术平均偏差为 3.2μm,评定长度为 5 个取样长度(默认),"最大规则"。下限值:算术平均偏差为 0.8μm,评定长度为 5 个取样长度(默认),"16%规则"(默认)	本例为双向极限要求,用"U"和"L"分别表示上限值和下限值。在不致引起歧义时,可不加注"U""L"

(3) 表面结构图形标注的演变(表1-12)

表 1-12　表面结构图形标注的演变(GB/T 131 的版本)

1983(第一版)[①]	1993(第二版)[②]	2006(第三版)[③]	说明主要问题的示例
$\underset{\bigtriangledown}{\underline{1.6}}$	$\underset{\bigtriangledown}{\underline{1.6}}$　$\underline{1.6}$	$\sqrt{Ra\,1.6}$	Ra 只采用"16%规则"
$\underset{\bigtriangledown}{Ry\,3.2}$	$\underset{\bigtriangledown}{Ry\,3.2}$　$Ry\,3.2$	$\sqrt{Rz\,3.2}$	除了 Ra 外,采用"16%规则"的参数

1983(第一版)[①]	1993(第二版)[②]	2006(第三版)[③]	说明主要问题的示例
—[④]	1.6max	$\sqrt{}$ Ra max 1.6	"最大规则"
$\sqrt{}$ 1.6 0.8	$\sqrt{}$ 1.6 0.8	$\sqrt{}$ $-0.8/Ra$ 1.6	Ra 加取样长度
—[④]	—[④]	$\sqrt{}$ $0.025-0.8/Ra$ 1.6	Ra 加传输带
$\sqrt{}$ Ry 3.2 0.8	$\sqrt{}$ Ry 3.2 0.8	$\sqrt{}$ $0.8/Rz$ 6.3	除 Ra 外其他参数及取样长度
$\sqrt{}$ $\begin{array}{c}1.6\\Ry\ 6.3\end{array}$	$\sqrt{}$ $\begin{array}{c}1.6\\Ry\ 6.3\end{array}$	$\sqrt{}$ $\begin{array}{c}Ra\ 1.6\\Rz\ 6.3\end{array}$	Ra 及其他参数
—[④]	$\sqrt{}$ Ry 3.2	$\sqrt{}$ $Rz3$ 6.3	评定长度中的取样长度个数如果不是 5
—[④]	—[④]	$\sqrt{}$ L Ra 1.6	下极限值
$\sqrt{}$ $\begin{array}{c}3.2\\1.6\end{array}$	$\sqrt{}$ $\begin{array}{c}3.2\\1.6\end{array}$	$\sqrt{}$ $\begin{array}{c}U\ Ra\ 3.2\\L\ Ra\ 1.6\end{array}$	上、下极限值

① 既没有定义默认值也没有其他的细节，尤其是无默认评定长度、无默认取样长度、无"16％规则"或"最大规则"。

② 在 GB/T 3505—1983 和 GB/T 10610—1989 中定义的默认值和规则仅用于参数 R_a、R_y 和 R_z（十点高度）。此外，GB/T 131—1993 中存在着参数代号书写不一致问题，标准正文要求参数代号第二个字母标注为下标，但在所有的图表中，第二个字母都是小写，而当时所有的其他表面结构标准都使用下标。

③ 新的 Rz 为原 R_y 的定义，原 R_y 的符号不再使用。

④ 表示没有该项。

1.5　旋转体的平衡

随着工业生产和科学技术的飞速发展，各种旋转机械大量涌现，旋转机械的工作转速越来越高，许多旋转机械都处在高速运转状态，如刀具、磨轮、发动机、汽轮机、离心机、电动机转子及汽车轮子等。所以，即使存在很小的不平衡量，在高速旋转时也会产生非常大的离心力。转子上不平衡离心力的存在，将会导致机器的转子、轴承和安装基础等产生机械振动。根据统计概率来看，用于转子质量分布不均匀引起的振动约占 78‰～90‰，因此失衡校正问题在现代工业发展中是一个非常突出的问题。由于这些旋转机械振动会产生噪声，加速轴承磨损，甚至严重影响产品的性能和使用寿命。为减少或消除机械振动，平衡技术已日益引起广泛重视，已成为提高产品质量必不可少的重要手段，因此，转动零件及转动机械的平衡校正问题就越来越显得重要。

1.5.1　旋转体产生不平衡的危害及产生原因

（1）旋转体不平衡的危害

旋转体又称转子，指机器中具有一定转速的零部件，如曲轴、齿轮、叶轮、砂轮、电动机转子等。旋转体不平衡主要是质心（质量的中心）偏心导致的。严格地说，绝对不偏心的旋转体在真实的物理世界是不存在的，因为制造总是有偏差的。偏心较小的话，对机器来说是可以忍受的，但是偏心较大，就会对运行的机器产生严重的影响。

主要危害有以下几个方面：

① 增加轴承压力。因为旋转后，偏心会导致旋转体振动，此振动频率和转速有关，就会对轴产生冲击压力，长时间会导致轴承疲劳，继而瓦解。

② 因为冲击振动的存在，会产生有害噪声，这种有害噪声会对环境产生污染。

③ 振动会导致整个机械发生共振，不利于精密系统的良性运行。

④ 振动会加剧偏心，也就是一旦偏心到了一定的程度，随着机械的运转，偏心会越来越严重，有加速恶化的趋势，最后导致失效。

⑤ 当偏心恶化到一定程度时，旋转体和周围的零件会发生物理接触，旋转体转速急剧下降，释放角动量产生高热和更强烈的冲击，损害机械，并可引发更严重的机械和人员事故。

（2）产生不平衡的原因

1）加工制造上的原因

① 毛坯制造过程中产生壁厚不均匀，材料密度不均（缩孔、砂眼和气孔）；在机械加工时产生不圆度和不同轴度（如轴颈偏心、轴颈倾斜、端面与轴线不垂直）；在热处理时产生金相组织的不均匀等。

② 设计或加工的键槽、销和孔位置不对称而引起的不平衡。

2）装配上的原因　装配质量误差使转子的重心与旋转中心线不重合，如转子上套装的各个叶轮、轴套、平衡盘、推力盘等零件，装配时端面与旋转中心线不垂直，接触端面不平行；联轴器装配到转子上与旋转中心线不对中。

3）运行上的原因

① 转动体弯曲　转动体运行过程中由于操作不当使转动体产生弯曲变形，如动静部分局部摩擦或转动体在工作应力和温度应力的作用下产生弯曲变形等。

② 转动体平衡状态破坏　如汽轮机转子叶片飞离、零件缺损、带松动或断裂；转动体上零部件松动（配合松动或腐蚀性松动）；固体杂质在叶轮上的沉积等。

1.5.2　旋转体不平衡的类型和分类

（1）不平衡的类型

转子不平衡是由于转子部件质量偏心或转子部件出现缺损造成的故障，它是旋转机械最常见的故障。造成转子不平衡的具体原因很多，按发生不平衡的过程可分为原始不平衡、渐变不平衡、突发性不平衡、随机不平衡等几种类型。

① 原始不平衡　原始不平衡是由于转子的制造误差、装配误差以及材质不均匀等原因造成的，如出厂时动平衡没有达到平衡精

度要求，在投用之初，其振动就处于较高的水平。振动幅值和相位随运行时间基本变化不大，振动特征只与转速大小有关。在工作转速下，各运行工况的振动基本相同，其矢量图稳定于某一允许的范围。现场通过动平衡手段一般能够解决这种原始不平衡引发的振动问题。

② 渐变不平衡　渐变不平衡通常是转子上不均匀的结垢、介质中粉尘的不均匀沉积、介质中颗粒对叶片及叶轮的不均匀磨损、工作介质对转子的磨蚀、转子热弯曲、动静碰摩、发电机转子槽楔块和绕组及汽轮机套装部件的径向移动等原因造成的。其振动表现为振动幅值和相位随运行时间的延长而逐渐增大，说明转子不平衡的大小和方向发生了变化，其矢量图也随时间逐渐变化。当然上述故障原因所导致的振动特征并不一定完全符合渐变不平衡的特征，比如动静碰摩问题，当机组发生较严重动静碰摩故障时，振动爬升的速率也会较快，有时在数分钟内，振动爬升能超过保护值引发跳机。

③ 突发性不平衡　突发性不平衡是由于转子上零部件（叶片、拉筋、围带和平衡块等）脱落或叶轮流道有异物附着、卡塞造成的。这类不平衡振动特征体现为振动幅值在某一时刻突然显著增大后又稳定在一定水平上，则说明轴系的平衡状态发生较大的改变。比如汽轮机末级叶片发生断裂时，会发生振动瞬间很大的突增现象。当然类似振动特征不完全是由于这类不平衡引发的，比如：有时发动机转子绕组膨胀受阻，产生热弯曲引发的振动也是表现为瞬间突跳特征，此时振动往往与发动机转子励磁电流大小有关。

④ 随机不平衡　随机不平衡一般是由于转子零部件发生松动造成的。当转子零部件存在松动情形时，会造成转子平衡状态的变化，其振动特征表现出时有时无的特征，同转子不同时间测量出的振幅（或相位）忽大忽小，振动无特定的变化规律。如转子中心孔堵头松动情况就是如此。诊断此类故障可根据相同运行工况下出现每次振动数值不同，并呈随机变化规律时，特别是在机组启停和变

转速过程中更容易反映出这种不同，来判断转子上存在零部件松动情况。

（2）不平衡的分类

机械转子不平衡的种类有静平衡与动平衡两类。如图 1-27 所示，当其支架是完全水平的时候，转子在任何位置都能保持不转时，则表明转子是处于静平衡状态。

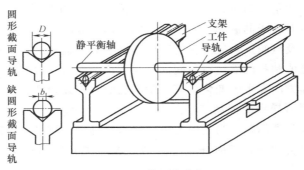

图 1-27　静平衡支架

理论上，这时转子的质量中心（质点定义）在轴的中心位置上，此点周围的静态质量力矩为零。

但当一个旋转件的质量没有均匀地分布在旋转轴周围，就产生了不平衡量，如转子对称位置的内外处质量不等时，产生的离心力会不相等，转子轴向两侧质量不相等时，虽能静平衡，但会产生力矩，这就是动平衡。

理论上，转子转动时产生的不平衡量是因转子各微段的质心不严格处于回转轴线上引起的。各微段因质心偏离回转轴线而产生的离心力都垂直于回转轴线。通过力的合成可把离心力系合成为少数的集中力，其方向仍垂直于轴线。一般说，至少要用分别作用于两个横截面上的两个集中力才能代表原来的离心力系。若这两个集中力刚好形成力偶，则原来的不平衡量在转子不旋转时是无法察觉和测量的；旋转时，力偶才形成横向干扰并引起转子的振动。这种不平衡的效应只有在旋转的动态中才能察觉和测量，所以需要进行动平衡。与此相对的静平衡是指当转子的质量很集中以致可以看作一个垂直于回转轴线的不计厚度的薄盘时，不须旋转就能进行的平衡。其做法是将转子水平放置，偏重的一边受重力作用会垂到下方，设法调整转子质心的位置，使之位于回转轴线上。

动平衡和静平衡的区别：

① 静平衡　在转子一个校正面上进行校正平衡，校正后的剩余不平衡量，保证转子在静态时是在许用不平衡量的规定范围内，称为静平衡又称单面平衡。

② 动平衡　在转子两个校正面上同时进行校正平衡，校正后的剩余不平衡量，保证转子动态时是在许用不平衡量的规定范围内，称为动平衡又称双面平衡。

1.5.3　转子平衡的选择与确定

如何选择转子的平衡方式，是一个关键问题。其选择有这样一个原则：只要满足于转子平衡后用途需要的前提下，能做静平衡的，则不要做动平衡，能做动平衡的，则不要做静平衡。原因很简单，静平衡要比动平衡容易做，省功、省力、省费用。

现代，各类机器所使用的平衡方法较多，例如单面平衡（亦称静平衡）常使用平衡架，双面平衡（亦称动平衡）使用各类动平衡试验机。静平衡精度太低，平衡时间长；动平衡试验机虽能较好地对转子本身进行平衡，但是对于转子尺寸相差较大时，往往需要不同规格尺寸的动平衡机，而且试验时仍须将转子从机器上拆下来，这样明显是既不经济，也十分费工（如大修后的汽轮机转子）。特别是动平衡机无法消除由于装配或其他随动元件引发的系统振动。使转子在正常安装与运转条件下进行平衡通常称为"现场平衡"。现场平衡不但可以减少拆装转子的劳动量，不再需要动平衡机；同时由于试验的状态与实际工作状态一致，有利于提高测算不平衡量的精度，降低系统振动。现代的动平衡技术是在 21 世纪初随着蒸汽透平的出现而发展起来的。随着工业生产的飞速发展，旋转机械逐步向精密化、大型化、高速化方向发展，使机械振动问题越来越突出。机械的剧烈振动对机器本身及其周围环境都会带来一系列危害。虽然产生振动的原因多种多样，但普遍认为不平衡力是主要原因。据统计，有 50％左右的机械振动是由不平衡力引起的。因此，有必要改变旋转机械运动部分的质量，减小不平衡力，即对转子进行平衡。

造成转子不平衡的因素有很多，例如：转子材质的不均匀性，联轴器的不平衡，键槽不对称，转子加工误差，转子在运动过程中产生的腐蚀、磨损及热变形等。这些因素造成的不平衡量一般都是随机的，无法进行计算，需要通过重力试验（静平衡）和旋转试验（动平衡）来测定和校正，使它降低到允许的范围内。应用最广的平衡方法是工艺平衡法和整机现场动平衡法。作为整机现场动平衡技术的一个重要分支，在线动平衡技术也正处于蓬勃发展之中，很有前途。工艺平衡法是起步最早的一种经典动平衡方法。

由于整机现场动平衡是直接接在整机上进行，不需要动平衡机，只需要一套价格低廉的测试系统，因而较为经济。此外，由于转子在实际工况条件下进行平衡，不需要再装配等工序，整机在工作状态下就可获得较高的平衡精度。

1.5.4　不平衡量的校正方法

消除动不平衡的方法主要有以下几种：

（1）砂轮动平衡法

通过振动分析、转速监测，告知法兰盘平衡块调整角度，对车间的多台磨床随时校正，除能保障磨床轴承与主轴的精度和寿命外，还能实时监测磨床磨削振动状态。

（2）加试重法

在不平衡的角度加配重。常用的方式有焊接、锡焊、铆接、拧螺钉、配加重块等。仪器精确告知在多少度的地方增加配重。

（3）减试重法

在不平衡的角度减配重。常用的方式有镗削、钻孔、凿削、铣削、磨削等。仪器精确告知在多少度的地方减配重。

（4）矢量分解法

转子在某个角度需要配重，但在哪个角度位置不方便配重，矢量分解功能可以分解到其他角度位置。

（5）动平衡孔位分配法

精密主轴、CNC 机床等高精度转子，不适合加重或是减重（焊配重块或是打孔去重，容易把主轴精度损伤）。动平衡孔位分配是非常重要的功能，预留 3～36 个任意孔位。把孔位输入到仪器中，仪器会精确地告知在第几个孔位增加多重的配重螺钉，把相关重量螺钉锁到动平衡孔中，振动明显降低，达到振动等级要求。

第2章 >>>

装配作业常用工具

> 2.1 通用工具

机械装配常用的工具主要有：台虎钳、扳手、旋具、手锤、大锤、锉刀、刮刀、油石、錾子、锯弓、锯条、油壶、油枪、油盘、划线规、划针盘、钢丝钳、钻头、丝锥、钢字头、管子钳、冲子等。现对部分工具做一些简单介绍。

（1）台虎钳

台虎钳，又称虎钳，它是钳工的必备工具，也是钳工的名称来源的根据。因为钳工的大部分工作都是在台虎钳上完成的，比如锯、锉、錾，以及零件的装配和拆卸等工序全都离不开它。

1）台虎钳的种类和规格 台虎钳是用来夹持工件的通用夹具，按固定功能分，常用的有固定式和回转式两种（见图2-1）；按外形功能分，有带砧和不带砧两种。

台虎钳的规格以钳口的宽度表示，有100mm、125mm、150mm等。

2）台虎钳的使用方法 台虎钳在钳台上安装时，必须使固定钳身的工作面处于钳台边缘台虎钳以外，以保

图 2-1 台虎钳

证夹持长条形工件时，工件的下端不受钳台边缘的阻碍。回转底座的中间孔应该朝里边，这样钳工桌更受力，不至于压坏钳工桌。

在钳工桌装上台虎钳后，一般多以钳口高度恰好与肘齐平为宜，即肘放在台虎钳最高点半握拳，拳刚好抵下颚，这样操作者工作时的高度比较合适。钳工桌的长度和宽度则随工作而定。

3）台虎钳的注意事项

① 夹紧工件时要松紧适当，只能用手扳紧手柄，不得借助其他工具加力。

② 强力作业时，应尽量使力朝向固定钳身。

③ 不许在活动钳身和光滑平面上敲击作业。

④ 对丝杠、螺母等活动表面应经常清洗、润滑，以防生锈。

（2）锤

锤是主要的击打工具，它由锤头和锤柄组成。在机械装配中使用极为普遍。其形式、规格相当多，设备的开箱、拆卸、移位和装配等都离不开它，装配过程中常用的锤主要是大锤、圆头锤、羊角锤、斩口锤和什锦锤等（见图 2-2）。

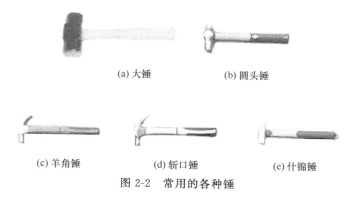

(a) 大锤　　　　　　　(b) 圆头锤

(c) 羊角锤　　　　(d) 斩口锤　　　　(e) 什锦锤

图 2-2　常用的各种锤

使用手锤时，要注意锤头与锤柄的连接必须牢固，稍有松动就应立即加楔紧固或重新更换锤柄。锤子的手柄长短必须适度，根据经验，比较合适的长度是：手握锤头，前臂的长度与手锤的长度相等。在需要较小的击打力时可采用手挥法，在需要较强的击打力时，宜采用臂挥法。采用臂挥法时应注意锤头的运动弧线。手锤柄部不应被油脂污染。

使用大锤时应注意以下几点：

① 锤头与把柄连接必须牢固，凡是锤头与锤柄松动，锤柄有劈裂和裂纹的绝对不能使用。锤头与锤柄在安装孔加楔，以金属楔为好，楔子的长度不要大于安装孔深的 2/3。

② 为了在击打时有一定的弹性，把柄的中间靠顶部的地方要比末端稍狭窄。

③ 使用大锤时，必须注意前后、左右、上下，在大锤运动范围内严禁站人，不许用大锤与小锤互打。

④ 锤头不准淬火，不准有裂纹和毛刺，发现飞边卷刺应及时修整。

（3）扳手

扳手是机械装配中最常用的一种工具。按其所使用的动力源，一般可分为手动扳手、电动扳手、气动扳手和液压扳手四大类

1) 手动扳手　手动扳手又叫普通扳手，有死扳手和活扳手之分。前者指的是已经有固定的数字标注的扳手，后者就是活动扳手了。按其形状和功能不同手动扳手又可分为以下八类（见图 2-3）。

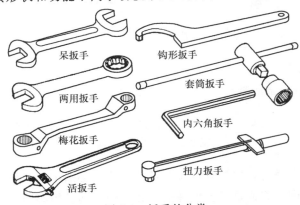

图 2-3　扳手的分类

① 呆扳手　一端或两端制有固定尺寸的开口，用以拧转一定

尺寸的螺母或螺栓。

② 梅花扳手　两端具有带六角孔或十二角孔的工作端，适用于工作空间狭小，不能使用普通扳手的场合。

③ 两用扳手　一端与单头呆扳手相同，另一端与梅花扳手相同，两端拧转相同规格的螺栓或螺母。

④ 活扳手　开口宽度可在一定尺寸范围内进行调节，能拧转不同规格的螺栓或螺母。该扳手的结构特点是固定钳口制成带有细齿的平钳凹；活动钳口一端制成平钳口；另一端制成带有细齿的凹钳口；向下按动蜗杆，活动钳口可迅速取下，调换钳口位置。

⑤ 钩形扳手　又称月牙形扳手，用于拧转厚度受限制的扁螺母等。

⑥ 套筒扳手　一般称为套筒，它是由多个带六角孔或十二角孔的套筒并配有手柄、接杆等多种附件组成，特别适用于拧转空间十分狭小或凹陷很深处的螺栓或螺母。套筒有公制和英制之分，套筒虽然内凹形状一样，但外径、长短等是针对对应设备的形状和尺寸设计的，国家没有统一规定，所以套筒的设计相对来说比较灵活，符合大众的需要。套筒扳手一般都附有一套各种规格的套筒头以及摆手柄、接杆、万向接头、旋具接头、弯头手柄等用来套入六角螺母。套筒扳手的套筒头是一个凹六角形的圆筒；扳手通常由碳素结构钢或合金结构钢制成，扳手头部具有规定的硬度，中间及手柄部分则具有弹性。

⑦ 内六角扳手　成 L 形的六角棒状扳手，专用于拧转内六角螺钉。内六角扳手的型号是按照六方的对边尺寸来说的，螺栓的尺寸有国家标准。内六角扳手的用途：专供紧固或拆卸机床、车辆、机械设备上的圆螺母用。

⑧ 扭力扳手　它在拧转螺栓或螺母时，能显示出所施加的转矩；或者当施加的转矩到达规定值后，会发出光或声响信号。扭力扳手适用于对转矩大小有明确规定的装配。

手动扳手的使用注意事项：

① 根据被紧固的紧固件的特点选用相应的扳手。

② 旋紧：用手握扳手柄末端，顺时针方向用力旋紧；旋松：逆时针方向旋。

2）电动扳手　电动扳手就是以电源或电池为动力的扳手，是一种拧紧螺栓的工具。

① 电动扳手的分类　电动扳手主要分为冲击扳手、扭剪扳手、定转矩扳手、转角扳手、角向扳手等。

a. 冲击扳手（见图2-4）。冲击扳手不能设定转矩，一般是紧固普通螺栓，或初紧高强螺栓。它的使用很简单，就是对准螺栓扳动电源开关就行。

b. 定转矩扳手（见图2-5）。电动定转矩扳手既可初紧又可终紧，它的使用是先调节转矩，再紧固螺栓。它可以设定转矩，一般紧固大六角高强度螺栓。

图2-4　冲击扳手

图2-5　定转矩扳手

c. 转角扳手（见图2-6）。电动转角扳手也属于定转矩扳手的一种，可以设定旋转的度数，比如顺时针扭转螺母270°。它的使用是先调节旋转度数，再紧固螺栓。

图2-6　转角扳手

d. 角向扳手（见图2-7）。角向电动扳手是一种专门紧固钢架夹角部位螺栓的电动扳手，它的使用和电动扭剪扳手原理一样，适用于空间小的钢梁接点。

e. 扭剪扳手（见图2-8）。主要是终紧扭剪型高强螺栓的，也只能终紧扭剪型高强螺栓。它的使用就是对准螺栓扳动电源开关，直到把扭剪型高强螺栓的梅花头打断为止。

图 2-7　角向电动扳手

图 2-8　扭剪扳手

② 电动扳手的使用方法

使用前：

a. 电动扳手的金属外壳应可靠接地，其外壳应有定期检验试验合格证，并在有效期限内。需确认现场所接电源与电动扳手铭牌是否相符，是否接有漏电保护器。

b. 检查电动扳手机身安装螺钉紧固情况，若发现螺钉松了，应立即重新扭紧，不可随扳手一起旋转，否则会导致电动扳手故障。拧紧的力矩随时间增加而增加，并随螺栓种类变化。

c. 检查手持电动扳手两侧手柄完好，不可开裂和破损，安装牢固。

d. 根据螺母大小选择匹配的套筒，并妥善安装。

操作时：

a. 在送电前确认电动扳手上开关断开状态，否则插头插入电源插座时电动扳手将出其不意地立刻转动，从而可能导致人员伤害。

b. 若作业场所在远离电源的地点，须延伸线缆时，应使用容量足够、安装合格的延伸线缆。

c. 握住把手并把手略放在边上一些，让扳手直线指向螺栓或螺母。工具不要倾斜，不要将工具的重量压在套筒上。同时，拧紧的力矩要均匀，用力一定要柔和均匀，绝对不要用短促、冲动的力来扳动。

d. 在使用过程中，出现摩擦是普遍都存在的现象。在拧紧螺纹上面有损伤或者障碍的螺母或者螺栓时，要注意通过损伤的部位需要附加的转矩有多大，然后再把这个附加的转矩加到推荐的转矩值上面去。

使用后：

a. 电动扳手不用时，应将电源断开，拔掉插头，以防意外启动。

b. 如果电动扳手的零件或者螺孔上面有污染物的话，污染物会妨碍得到精确的转矩值。所以在日常的使用过程中，要及时清洁。

3）液压扳手　液压扳手是一种紧固螺栓的液压工具，可以输出和设定转矩，属于高压液压工具，广泛应用于石油化工、风电、水电、热电、矿山、机械、橡胶、管道等行业。

① 液压扳手分类　液压扳手根据用途分为驱动液压扳手和中空液压扳手，用于不同的螺栓工况，下面详细介绍两种液压扳手。

a. 驱动液压扳手（见图 2-9）　驱动液压扳手配合标准套筒使用，为通用型液压扳手，适用范围广，是当前应用较为广泛的液压扳手。其特点如下：

图 2-9　驱动液压扳手

• 采用高科技航天材料及超高强度铝钛合金钢锻造，一体成型机身，全面加强机身强度、韧性。

• 可 360°×360° 旋转的油管接头，无使用空间限制，自由操作。

• 扳机式锁扣，轻松按动，可随心所欲地将 360°微调式反作用力臂定于坚固的支点上。

• 采用大齿棘轮，精度高达±3%。

• 配合不同套筒使用，对于不同规格的螺栓，只需要更换相应套筒即可，节省成本。

b. 中空式液压扳手（见图 2-10） 中空式液压扳手直接作用于螺母，对于不同规格螺栓，更换变径套或工作头即可。中空式液压扳手厚度较薄，特别适用于空间比较狭小的地方。其特点如下：

• 采用超高强度铝钛合金钢锻造，薄型设计，双作用，高速，大转角。

• 卡接式，互换插件，不需特殊工具，转矩重复精度高达±3%。

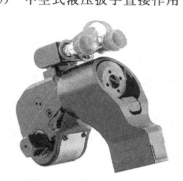

图 2-10 中空式液压扳手

• 360°×360°以及 180°×360°的旋转软管接头，适合紧凑场合方便定位。

• 扳手件强度设计充分，整体反作用力臂，较少的活动部件，耐用，可靠。

• 可扩展的米制、英制六角插件和套筒，可实现一个动力头配备多个插件同时使用。

② 液压扳手使用方法及使用注意事项。

操作前检查：

a. 易燃易爆环境不得使用电动液压泵，应使用气动液压泵。

b. 检查电动泵作业电压满足 220V。

c. 检查液压扳手泵压力调整、过滤、喷油三联装置，进行排水、添加 46# 抗磨液压油、进气压力调整。

d. 检查液压油泵油标的油位在 0 线以上，液压油清澈透明。应添加专用液压油，严禁混用其他油。

e. 检查超高压软管有无折弯等损伤；连接时先理顺软管，不得纠结；插头插座擦干净、无污物；将快装接头插到底，确保连接可靠，并用手将螺纹套锁紧，否则快装接头内单向阀未顶开，无法正常供油。

操作程序：

a. 线控开关按钮功能：按下（RUN）按钮，油缸推进；松开按钮，油缸自动复位。按下（STOP）按钮，油泵停止。

b. 液压泵启动前，先打开（旋松）压力调节阀，再打开电源（ON），检查液压泵运转是否正常；然后点动线控按钮数次，运转数分钟，将压力调节到所需预设压力值。额定压力为 70MPa。

c. 调节压力时，应按住线控按钮，当听到扳手"啪"的一声，快速释放杆跳下，扳手到位，停止转动，压力表从 0 急速上升，另一只手缓慢向上调节压力调节阀，并可用锁紧螺母锁紧。

d. 空运转，将液压扳手放在地上，按下（RUN）按钮，扳手开始转动，当听到扳手"啪"的一声，则扳手到位停止转动；此时松手按钮，扳手自动复位，当再次听到扳手"啪"的一声，则复位完成。即：RUN→推进→啪→松手→复位→啪。重复做几个工作循环，观察扳手转动无异常时，可将扳手放至螺母上作业。

e. 拆松螺母：将液压泵压力调到最高（70MPa），确认扳手转向为拆松方向，找好反作用支点，靠稳，反复进行油缸的进退工作循环。如果拆不动，则采取除锈措施，如果螺母还拆不动，则换用更大型号的液压扳手。

f. 锁紧螺母：查转矩对应表确定液压泵的压力设定，确认扳手转向为锁紧方向，找好反作用支点，靠稳，反复进行油缸的进退工作循环，直至螺母不动为止。

g. 液压扳手作业停止时，应及时关闭电源。

h. 工作完毕后切断电源，按卸压阀卸去系统余压，完全打开压力调节阀，再拆卸油管。

i. 扳手搬运时必须卸下油管后进行。

操作注意：

a. 取扳手时如扳手卡紧取不下，应按（RUN）按钮不松手，同时扳动快速释放扳机，然后松开按钮，取下扳手。切忌用锤打击，否则会损坏液压缸及活塞组件。

b. 若带（SET）复位按钮，液压泵启动前先按一下（SET）复位按钮。

c. 若试运转时有啸叫声，应将压力调至最低，反复进行工作循环，直至将气体排尽无啸叫声为止。

d. 正常工作温度为 10～70℃。

4）风动扳手　风动扳手（见图 2-11）即气动扳手，也称为棘轮扳手及电动工具总合体，主要是一种以最小的消耗提供高转矩输出的工具。它通过持续的动力源让一个具有一定质量的物体加速旋转，然后

图 2-11　风动扳手

瞬间撞向出力轴，从而可以获得比较大的力矩输出。因此气动扳手被广泛应用在许多行业，如汽车维修、重型设备维修、机械设备装配、重大建设项目、安装钢丝螺套，以及其他任何一个地方的高转矩输出需要。

风动扳手操作注意事项：

① 在操作前注意换向开关的位置，以便在操作进气阀时了解旋转方向。

② 务必保证进入扳手风动马达的压缩空气：最大气压为 6.0bar（$1bar=10^5Pa$）的洁净干燥空气。否则，可能不可避免地导致传动系统故障、超速、破裂、输出转矩错误等危险情形。

③ 确保所有的软管及其他连接装置尺寸正确、安装牢固；切勿使用已损坏的、磨损或老化的空气软管及其他连接装置；建议在供气线路上安装一个紧急关闭阀门，并要让他人了解它的安装位置。

④ 在操作机器前，务必检查油杯里是否有足够的润滑油，在

缺少或没有润滑的情况下，会加快风动马达叶片磨损速度，导致工具性能降低、维护工作增加。

⑤ 身体姿态必须保持平衡和稳定，在操作本工具时不要幅度过大。在开启和操作工具的过程中，应预防和警惕运动中转矩和力量的突然变化。

风动扳手为带反作用力臂的转矩工具，机器产生的巨大转矩都由反作用力臂吸收，所以，在操作时都必须为反作用力臂寻找足够强度的支撑点。鉴于安全考虑，在机器工作时，务必远离反作用力臂的工作范围，否则，可能不可避免地对人身造成巨大的伤害。

（4）钳子

1）钳子的分类　钳子是设备装配常用工具，种类很多，例如钢丝钳、尖嘴钳、鲤鱼钳、弯嘴钳、圆嘴钳、扁嘴钳、鸭嘴钳、修口钳、斜口钳、胡桃钳、挡圈钳、断线钳、冷轧线钳、铅印钳、羊角起钉钳、开箱钳等，如图 2-12 所示。钳子主要用于夹持零件、折断金属薄板、切断金属丝。另有特殊用途的钳，例如羊角起钉钳、开箱钳用于起钉开箱。

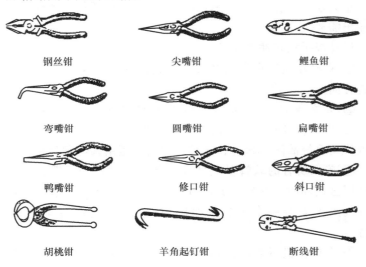

钢丝钳	尖嘴钳	鲤鱼钳
弯嘴钳	圆嘴钳	扁嘴钳
鸭嘴钳	修口钳	斜口钳
胡桃钳	羊角起钉钳	断线钳

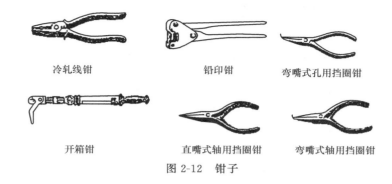

冷轧线钳　　　　　　　铅印钳　　　　　弯嘴式孔用挡圈钳

开箱钳　　　　　直嘴式轴用挡圈钳　　弯嘴式轴用挡圈钳

图 2-12　钳子

2）钳子的使用方法和注意事项

① 使用钳子通常用右手操作。将钳口朝内侧，便于控制钳切部位，用小指伸在两钳柄中间来抵住钳柄，张开钳头，这样分开钳柄灵活。

② 钳子的刀口可用来剖切软电线的橡胶或塑料绝缘层。

③ 钳子的刀口也可用来切剪电线、铁丝。剪 $8^\#$ 镀锌铁丝时，应用刀刃绕表面来回割几下，然后只需轻轻一扳，铁丝即断。

④ 铡口也可以用来切断电线、钢丝等较硬的金属线。

⑤ 钳子的绝缘塑料管耐压 500V 以上，有了它可以带电剪切电线。使用中切忌乱扔，以免损坏绝缘塑料管。

⑥ 切勿把钳子当锤子使。

⑦ 不可用钳子剪切双股带电电线，会短路的。

⑧ 用钳子缠绕抱箍固定拉线时，钳子齿口夹住铁丝，以顺时针方向缠绕。

⑨ 主要用来剪切线径较细的单股与多股线以及给单股导线接头弯圈、剥塑料绝缘层等。

（5）錾子

常用的錾子有扁錾、尖錾、油槽錾、扁冲錾和圆弧錾几种，如图 2-13 所示。其中扁錾用于錾切平面，剔毛边，剔管子坡口，剔焊渣或錾切薄铁板；扁錾用于剔槽，剔生铁和较脆的钢材；油槽錾用于剔轴承油槽和其他凹面开槽；圆弧錾用于錾切阀门用的金属垫片及圆弧形的零件。

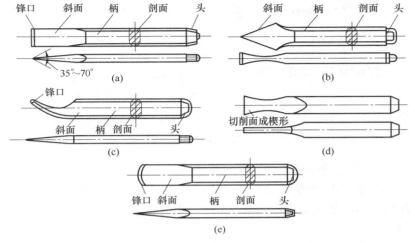

图 2-13　常用的錾子

錾子的使用注意事项：

　　① 錾子是錾削用的工具，通常是用碳素钢制作的，不可用高速钢作錾子。热处理后的錾子硬度为 48～52HRC；錾顶不准淬火，不准有裂纹和毛刺。

　　② 一般錾削毛坯表面的毛刺，浇冒口和分割材料可用扁錾（阔錾）；錾槽及分割曲线形板料可用尖錾（狭錾）；錾削油槽使用油槽錾。

　　③ 握錾方式和操作要正确。錾子要用左手中指、无名指和小指握着，大拇指和食指自然合拢，錾子头部伸出 20mm 左右。如要减少錾击对手的振动，錾子不要握得太紧。

　　④ 錾削时，应从工作侧面的尖角处轻轻起錾，錾开缺口后再全刃工作，否则，錾子容易弹开或打滑；切削距工件尽头 10mm 处时，应掉头錾削。

　　⑤ 防止锤子从錾子端头滑脱时打在手上，可在錾柄握手处上方套一个泡沫橡胶垫；为防止飞屑或碎块伤人，作业者应戴护目

镜，工作台上应放置钢网护板。

⑥ 錾尖应略带球面形，如有飞边卷刺应及时修整，以保证锤击力通过錾子中心线。

（6）手锯

手锯是锯削用的工具，由锯弓和锯条两部分组成。锯弓是用来张紧锯条的工具，它分为固定式和可调式两种类型，如图 2-14 所示。可调式锯弓适用于安装长短不同的锯条，使用比较方便。锯条属于切削部分，一般用薄而窄的钢条制成，经过淬火处理。手用锯条的长度一般为 300mm，在一边上开有锯齿，根据所锯削材料的不同，锯齿的各个角度也不相同。锯齿还有粗细之分，一般说来，锯软性的、断面较大的工件用粗齿锯条；锯硬性的、断面较小的工件用细齿锯条。安装锯条时，必须使齿尖朝前，松紧适当。锯条的松紧可用锯弓上的蝶形螺母进行调节。

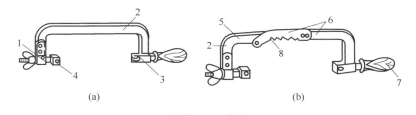

图 2-14　手锯
1—调节螺栓；2—固定弓身；3,4—锯条固定销；5—活动弓身；
6—弓身卡板；7—把手；8—锯齿

手锯的选用和安装：

① 锯条的正确选用　手用钢锯条一般用碳素工具钢和合金工具钢制作，应经过热处理淬硬。常见钢锯条的长度为 30mm。钢锯条的长度是以两端安装孔的中心距来表示的。

② 钢锯条的锯齿分为粗齿（齿距 1.8mm）、中齿（齿距 1.4mm）、细齿（齿距 1.1mm）。锯齿粗细的选择应根据所锯割材料的厚薄和材料的硬度来决定。粗齿锯条用于切割软材料（如铜、铝、铸铁）和厚实的材料。细齿锯条用于锯割硬的材料或薄的材料

（如各种管子、薄板料和角铁等）。当选择粗、细锯齿时，还应考虑在锯割截面上至少有 3 个锯齿同时参与锯割。

③ 锯条的正确安装　钢锯条安装时，锯齿的齿尖要朝前，这样安装会使操作用力方便且工作平稳，因为在实际锯割操作中是推锯时起锯割作用。安装锯条时不宜装得过紧或过松：过紧则受力大，若手用力不当易折断；过松则锯条易扭曲折断，且锯缝易偏斜。安装锯条后，要保证锯条平面与锯弓中心平面平行，不得倾斜和扭曲，否则锯割时极易歪斜。

（7）锉刀

1）锉刀的分类　锉刀表面上有许多细密刀齿，是锉光工件表面的主要手工工具。按其形状和作用分有钳工锉（普通锉）、异形锉和整形锉等几种。

① 钳工锉（普通锉）见图 2-15。按照锉身光坯锉身处的断面形状不同，又可以分为扁锉、半圆锉、三角锉、方锉、圆锉等。

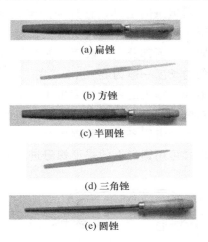

(a) 扁锉

(b) 方锉

(c) 半圆锉

(d) 三角锉

(e) 圆锉

图 2-15　钳工锉（普通锉）

② 异形锉（见图 2-16）。加工特殊表面时使用，分为菱形锉、

图 2-16　异形锉

单面三角锉、刀形锉、双半圆锉、椭圆锉、圆肚锉等。

③ 整形锉（见图 2-17）。用于修整工件上的细小部分。

2）锉刀的选用原则

① 锉刀的断面形状应根据被锉削零件的形状来选择，使两者的形状相适应。锉削内圆弧面时，要选择半圆锉或圆锉（小直径的工件）；锉削内角表面时，要选择三角锉；锉削内直角表面时，可以选用扁锉或方锉等。选用扁锉

图 2-17　整形锉

锉削内直角表面时，要注意使锉刀没有齿的窄面（光边）靠近内直角的一个面，以免碰伤该直角表面。

② 锉刀齿的粗细要根据加工工件的余量大小、加工精度、材料性质来选择。粗齿锉刀适用于加工大余量、尺寸精度低、形位公差大、表面粗糙度数值大、材料软的工件；反之应选择细齿锉刀。使用时，要根据工件要求的加工余量、尺寸精度和表面粗糙度值的大小来选择。

③ 锉刀尺寸规格应根据被加工工件的尺寸和加工余量来选用。加工尺寸大、余量大时，要选用大尺寸规格的锉刀，反之要选用小尺寸规格的锉刀。

④ 锉刀齿纹要根据被锉削工件材料的性质来选用。锉削铝、铜、软钢等软材料工件时，最好选用单齿纹（铣齿）锉刀。单齿纹锉刀前角大，楔角小，容屑槽大，切屑不易堵塞，切削刃锋利。

（8）刮刀

刮刀是刮削的主要工具，一般选用 T12A 高碳工具钢制作刮刀。根据工件不同的刮削表面，刮刀可以分为平刮刀、三角刮刀和月牙形刮刀三大类（见图 2-18）。平刮刀主要用来刮削平面，如平板、平面轨道、工作台等，也可用来刮削外曲面；三角刮刀是刮轴瓦常用的工具之一；月牙形刮刀主要用来刮削内曲面，如活动轴承内孔等。

(a) 平刮刀

(b) 三角刮刀

(c) 月牙形刮刀

图 2-18　刮刀

使用刮刀的注意事项：

① 在粗磨平面时，必须使刮刀平面稳定地贴在砂轮的侧面上，每次磨削应均匀一致，否则会使磨出的平面不平，以至多次刃磨使刮刀磨薄。

② 淬火加热温度的控制是通过观察刮刀加热时呈现的颜色，因此要掌握好樱红色的特征。加热温度太低，刮刀不能淬硬；加热温度太高，会使金属内部组织的晶粒变得粗大，刮削时易出现丝纹。

③ 刃磨刮刀平面与端面的油石，应分开使用，刃磨时不可使油石磨出凹槽，其表面不应有纱头和铁屑嵌黏。

④ 刃磨刮刀平面和端面时，可将刮刀刃口与油石轴线成一定角度，这样在不够平的油石上磨平刮刀。

2.2 **专用工具**

（1）专用拆卸工具

① 拔卸类工具。拔卸类工具包括拔销器、拔键器等，拔销器是用来拉出带内螺纹的轴或销的工具，拔键器是用来拆卸钩头楔键的工具，如图 2-19 所示。

② 拉卸类工具。拉卸类工具是用来拆卸机械中的轮、盘或轴

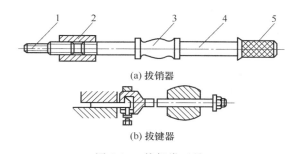

(a) 拔销器

(b) 拔键器

图 2-19　拔卸类工具

1—可更换螺钉；2—固定螺钉套；3—作用力圈；4—拉杆；5—受力圈

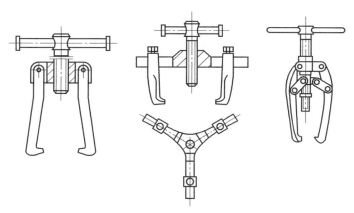

图 2-20　拉卸类工具

类零件的专用工具，如图 2-20 所示。

（2）专用检测工具

1）平尺　在机床几何精度检查中，平尺通常都是作为测量的基准，所以，其测量平面都具有很高的直线度、平面度、平行度和垂直度，以及很小的表面粗糙度值。通常采用刮削或研磨方法达到有关要求。平尺大多数采用铸铁制造，为了减小长期使用中的变形，制造中经过多次时效处理以消除内应力。近年来，内应力很小、基本不变形的岩石平尺在几何精度检查中得到了应用。

① 平尺的种类。常用的平尺有平行平尺（又分为Ⅰ字形平尺和Ⅱ字形平尺）和桥形平尺两种。如图 2-21 所示。它们在机床几何精度检查中通常作为基准直线使用。所以，要根据实际测量的长度和精度要求选择不同的平尺。表 2-1 中列举了平尺的长度系列和不同精度等级的直线度公差。

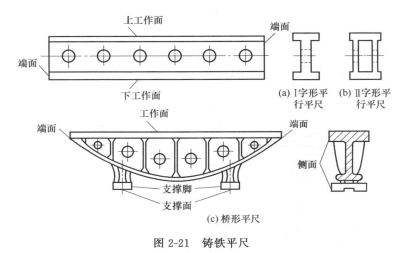

图 2-21　铸铁平尺

② 平尺在测量时的使用方法。用平尺测量机床的直线度主要有三种方法。

a.研点法。选择一把平尺，其精度应高于被检查机床导轨的直线度要求的精度；长度不短于被检查导轨的长度。测量精度较低的机床导轨，允许平尺短于导轨长度，但导轨长度不得超过平尺长度的 1/4。就是说，1000mm 长的平尺最长可以测量长度为 1250mm 的导轨。研点法常用于检查长度不超过 2000mm 的短导轨。

检查时，先在被检查的导轨面上均匀涂抹一层很薄的显示剂（如红丹油等），将平尺擦净后覆盖在被检导轨表面上，垂直施加适当的压力后做短距离的往复运动进行研点，如图 2-22（a）所示。取下平尺，观察被检导轨表面研点的分布。如果研点法不能直接测出导轨直线度的量值，一般不用于几何精度检查的最后测量。它的优点是不需要精密的测量仪器。

表 2-1　铸铁平尺工作面直线度公差

规格/mm	精度等级			
	00	0	1	2
	直线度公差/μm			
400	1.6	2.6	5	—
500	1.8	3.0	6	—
600	2.1	3.5	7	—
800	2.5	4.2	8	—
1000	3.0	5.0	10	20
1250	3.6	6.0	12	24
1600	4.4	7.4	15	30
2000	5.4	9.0	18	36
2500	6.6	11.0	22	44
任意 200	1.1	1.8	4	7

b. 平尺百分表法。这种方法常用于检查长度不超过 2000mm 的机床导轨在垂直面内或水平面内的直线度，如图 2-22（b）和图 2-22（c）所示。

检查时将平尺置于被检查的导轨旁边，平尺的测量面与被检查

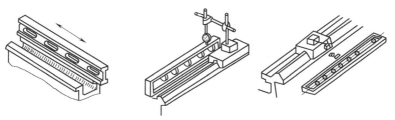

(a) 研点法检查导轨直线度　(b) 平尺配合百分表在垂直面　(c) 平尺配合百分表在水平面
内直线度的检查　　　　　　内直线度的检查

图 2-22　平尺的用法

导轨的直线度方向平行，在导轨上放置一块预先与被检查导轨面配刮好的垫铁，将百分表固定在垫铁上，使百分表测头顶压在平尺的测量面上。读数前，先调整平尺位置，使百分表在平尺两端的读数相等，然后移动垫铁在导轨全长上读数，百分表的最大值差就是该导轨的直线度误差。

c. 垫塞法。在被检查的平面导轨上安装一平尺，在离平尺两端各为平尺全长的2/9处支撑两个等高垫块，如图 2-23 所示，用量块或塞尺测量平尺和被检查导轨之间的间隙差值，就是该导轨的直线误差值。

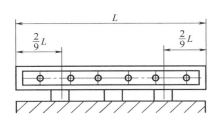

图 2-23　垫塞法检查导轨直线度

③ 平尺使用时的注意事项。铸铁平尺在使用前，应把工作面和被测量面清洗干净，不得有锈蚀、斑痕和其他缺陷存在，否则，直接影响测量精度或拉毛平尺及导轨表面。平尺使用后应该擦净、涂油，以免生锈。存放桥形平尺时，应将测量面朝上水平放置。而平行平尺最好悬挂存放。

2）检验棒　检验棒是检验各种机床几何精度的重要量具，它是采用优质碳素工具钢制成的。检验棒的测量面是作为被测轴线的基准线，所以，检验棒制造时要有较高精度的圆柱度、圆锥度及各轴颈的同轴度。为了延长检验棒的使用寿命，表面要有较高的硬度，以提高其耐磨性。

a. 检验棒的种类。检验棒的种类很多，在机床几何精度检查中常用圆柱形检验棒、莫氏锥柄检验棒、7∶24 锥度锥柄检验棒以及一些特殊检验棒，如图 2-24 所示。

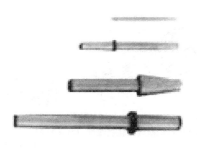

图 2-24　检验棒

b. 检验棒在机床几何精度检查中主要的检测项目

· 旋转轴线的方向、轴向窜动的测量。

· 轴线与轴线间的同轴度、垂直度的测量。

c. 检验棒使用的注意事项：使用前应对检验棒及配合的孔进行清理，以保护检验棒的安装锥柄。使用中不能发生磕碰，应保护检验棒的中心孔。使用以后必须擦拭干净，上油后垂直吊挂。

3）水准仪

在设备安装过程中，经常用水准仪对设备的基础（或垫铁）的标高进行测定。

① 水准仪结构组成如图 2-25 所示，水准仪由下列部件构成。

a. 望远镜制动扳手。当制动扳手向下扳紧后，可固定望远镜在水平方向的转动。

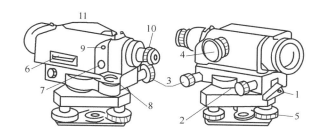

图 2-25　水准仪

1—制动扳手；2—微动螺栓；3—微倾螺栓；4—对光螺栓；5—脚螺栓；
6—长水准管；7—长水准管校正螺栓；8—圆水准器；
9—气泡观察孔；10—目镜；11—瞄准器

b. 望远镜微动螺栓。当制动扳手向下扳紧后，可转动微动螺栓，使望远镜在水平方向进行微小的转动。

c. 微倾螺栓。转动微倾螺栓可使望远镜和长水准管一起在竖直方向进行微小的转动。因此，当转动微倾螺栓时，可使望远镜和视线水平（即长水准管的气泡居中）。

d. 对光螺栓。转动对光螺栓，可使目标的像调节到清晰。

e. 脚螺栓。用它来放平仪器。

f. 长水准管。当长气泡在水准管的中间时，说明望远镜的视线已经水平。

g. 长水准管校正螺栓。用以校正长水准管的位置。

h. 圆水准器。用它来粗略地放平仪器。当圆气泡居中时，说明望远镜已大致水平。

i. 长水准管的气泡观察孔。气泡通过棱镜的折射，可在观察孔内看到中间部位开的两个气泡头。根据其形状判断气泡是否居中，如图 2-26 所示。

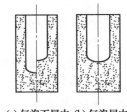

(a)气泡不居中 (b)气泡居中

图 2-26　气泡居中判别图像

j. 目镜。调节目镜的位置，使十字像显得很清晰。

k. 瞄准器。可用它在望远镜外面粗略地瞄准目标。

② 水准仪操作使用　图 2-27 所示是利用水准仪测定设备基础标高示意图。现将方法步骤简述如下。

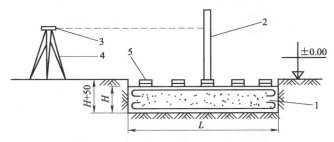

图 2-27　水准仪测定设备基础标高示意图

1—基础；2—标尺；3—水准仪；4—三脚架；5—垫铁

a. 水准仪安置调整。先把水准仪安装在三脚架上，放稳三脚架并将其顶面大致调成水平状态，然后转动脚螺栓使圆水准器的圆气泡居中，望远镜的视线基本处于水平位置。调整时，应相对地转动两个脚螺栓，使圆气泡移动到与两个脚螺栓等距离的地方，然后转动另一个脚螺栓使圆气泡居中。如果一次不能使圆气泡居中，可反复 2～3 次，就能使圆气泡居中。如图 2-28 所示。

b. 调整水准仪瞄准长标尺。扳松望远镜制动扳手，使水准仪目镜能水平转动。在设备垫铁上立放一根长标尺，用望远镜瞄准长标尺，扳紧望远镜制动扳手。

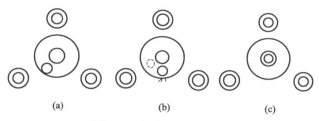

(a)   (b)   (c)

图 2-28　圆气泡调整方法

（3）专用组装夹具

在装配结构件产品的过程中，凡属用来对零件施加外力，使零件获得正确定位的全部装备，称为组装夹具。组装夹具施加给零件的作用力有四种方式：夹紧、压紧、拉紧、顶紧（或撑开）。常用的组装夹具主要有弓形螺旋夹、螺旋拉紧器、螺旋推撑器、杠杆夹具、气动夹具和楔条夹具等。

① 弓形螺旋夹（见图 2-29）。弓形螺旋夹也称 U 形夹，它是起夹紧作用的丝杠夹具。

② 螺旋拉紧器（见图 2-30）。螺旋拉紧器又称松紧螺栓，它是

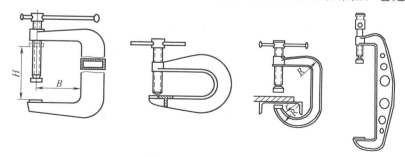

图 2-29　弓形螺旋夹

起拉紧作用的丝杠夹具。螺旋拉紧器一般都是用具有正反螺纹或单向螺纹的丝杠和螺母，加上圆管和钩具等零件制成，如图 2-30 所示。

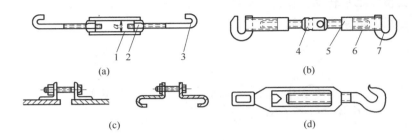

图 2-30　螺旋拉紧器

1—扁钢或角钢；2,5—螺母；3—丝杠及钩；4—双头丝杠；6—铁管；7—钩

螺旋拉紧器不仅用于组装，也可用于矫正钢结构产品。当拉紧器不够长时，一般都补加链条接长。

③ 螺旋推撑器。螺旋推撑器即丝杠顶具，是起顶紧或撑开作用的，如图 2-31 所示。图 2-31（a）所示是最简单的丝杠顶具，由丝杠、螺母、圆管三种零件组成。其丝杠头是尖的，因此只适宜于顶厚板或较大的型钢。图 2-31（b）所示顶具与前者有所不同，即在丝杠头部增加了压块，顶压时不会损伤工件，也不会打滑，而且它的另一端也装配有压块，当操作过程中转动丝杠不方便时，可以

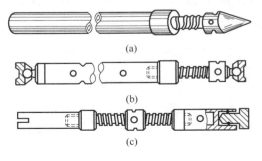

图 2-31　螺旋推撑器

转动圆管，同样推动丝杠前进。例如，在圆筒形工件内部操作时，使用这种工具比较方便。图 2-31（c）所示的顶杆，是用具有正反螺纹的螺杆制成的。

④ 杠杆夹具。杠杆夹具结构简单，应用非常广泛。简易的杠杆夹具，成本低，制作容易，为生产中所常用夹具。例如 U 形夹，不仅用于组装，还可用于矫正和反转工件，槽钢、工字钢、板料的翻转一般都用 U 形夹。U 形夹的几种形式如图 2-32 所示。

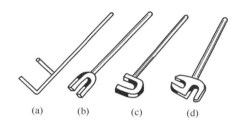

图 2-32　几种简单的杠杆夹具

⑤气动夹具。气动夹具的基本形式分为三种：图 2-33（a）所示为从水平方向压紧工件；图 2-33（b）所示为从垂直方向压紧工件；图 2-33（c）所示为通过压块把力分解为两个方向，从水平、垂直两个方向同时压紧工件。

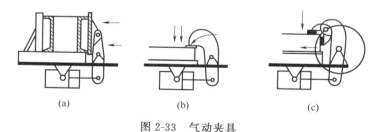

图 2-33　气动夹具

⑥ 楔条夹具。楔条夹紧有两种基本形式，如图 2-34 所示。第一种形式是楔条直接作用于工件上，如图 2-34（a）所示。第二种形式是通过中间元件把力传到工件上，如图 2-34（b）所示。这种形式能改善楔条与工件的接触情况，避免因工件表面粗糙而使楔条

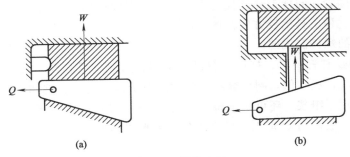

图 2-34　楔条夹具

移动困难，又可防止工件的夹紧表面受到损伤。这种夹紧方式还能在楔条难以达到的工作表面上进行夹紧。

CHAPTER 3

第3章 >>>

装配作业应掌握的基本技能

　　机械装配是机械制造中最后决定机械产品质量的重要工艺过程。即使是全部合格的零件，如果装配不当，往往也不能形成质量合格的产品。由此可见装配作业钳工的技术水平直接影响着产品质量。装配作业钳工在国民经济的各行各业的生产中发挥至关重要和不可取代的作用。随着科学技术的迅速发展，高精度、高自动化、多功能、高效率的先进机械设备不断涌现，现代化生产的节拍也越来越快。随之而来的是维修这些机械设备的技术含量和复杂程度越来越高，也就是说对装配工的技能要求也将越来越高。因此装配钳工不仅要有扎实的理论基础和丰富的专业知识还要有高超的操作技能。

　　装配钳工的基本操作技能主要包括：辅助性操作技能，切削性操作技能，装配性操作技能和维修性操作技能等。这些基本操作技能既是进行产品生产的基础，也是钳工专业技能的基础，作为一个装配钳工必须要熟练地掌握这些技能。

　　本章仅对辅助性操作技能和切削性操作技能做以介绍。

>3.1　掌握辅助性操作技能

　　装配钳工的辅助性操作技能主要指的是测量和划线。

3.1.1 学会测量

（1）测量的概念

测量是指以确定被测对象量值为目的的全部操作。测量过程包括的 4 个要素如下：

① 测量对象　测量对象主要是指几何量，包括长度、角度、表面粗糙度、几何形状和相互位置等。由于几何量的种类较多，且形式各异，因此应熟悉和掌握它们的定义及各自的特点，以便进行测量。

② 计量单位　为了保证测量的正确性，必须保证测量过程中单位的统一，为此我国以国际单位制为基础确定了法定计量单位。我们的法定计量单位中，长度计量单位为米（m），平面角的角度计量单位为弧度（rad）及度（°）、分（′）、秒（″）。机械制造中常用的长度计量单位为毫米（mm），$1mm = 10^{-3}m$。在精密测量中，长度计量单位采用微米（μm），$1\mu m = 10^{-3}mm$。在超精密测量中，长度计量单位采用纳米（nm），$1nm = 10^{-3}\mu m$。在机械制造中常用的角度计量单位为弧度（rad）、微弧度（μrad）和度、分、秒。$1\mu rad = 10^{-6}rad$，$1° = 0.0174533rad$。度、分、秒的关系采用 60 进制，即 $1° = 60′$，$1′ = 60″$。

③ 测量方法　测量方法是指测量时所采用的计量器具和测量条件的综合。测量前应根据被测对象的特点，如精度、形状、质量、材质和数量等来确定需要用的计量器具、分析研究被测参数的特点及与其他参数的关系，以确定最佳的测量方法。

④ 测量精度　测量精度是指测量结果与真值的一致程度。任何测量过程总不可避免出现测量误差，误差大，说明测量结果离真值远，精度低；反之，则误差小，精度高。因此精度和误差是两个相对的概念。由于存在测量误差，任何测量结果都只能是要素真值的近似值。以上说明测量结果有效值的准确性是由测量精度确定的。

（2）测量常用的工具

装配钳工常用的量具分为游标类量具、螺旋测微量具、机械式测微仪、角度测量器具、量块等。常用量具测量范围、精度等级及用途见表 3-1。

表 3-1　常用量具测量范围、精度等级及用途　　　　mm

名称及图示	测量范围	读数值	应　　　用
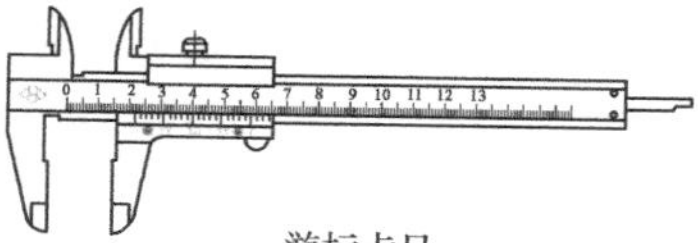 游标卡尺	0～125 0～300	0.05,0.02 0.05,0.02	用于测量工件的内外径尺寸，还可用来测量深度尺寸。0～300 的卡尺可带有划线量爪
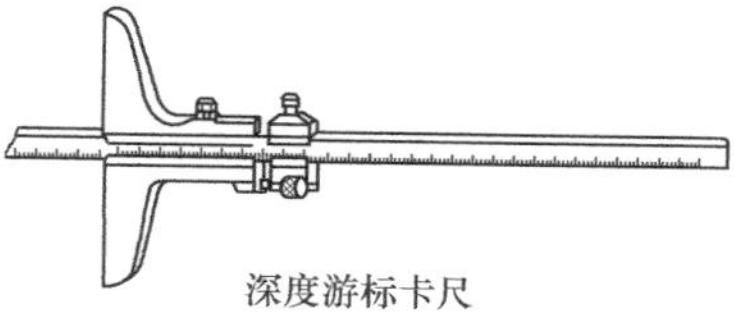 深度游标卡尺	0～125 0～200 0～300 0～500	0.02	测量工件的孔、槽
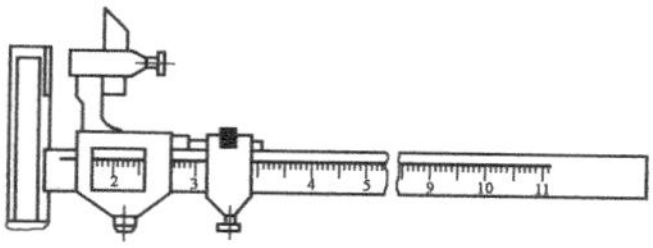 高度游标卡尺划线尺	0～200 ≥30～300 ≥40～500 ≥60～800 ≥60～1000	0.02 0.05	测量工件相对高度和用于精密划线
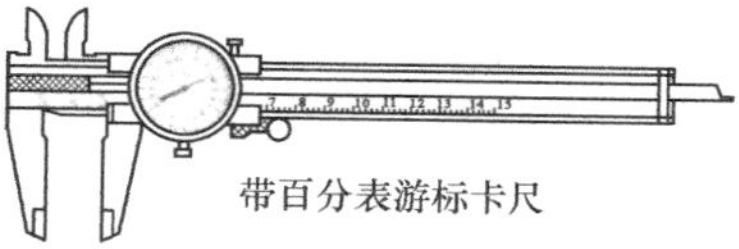 带百分表游标卡尺	0～125 0～200 0～300	0.01 0.02 0.05	测量工件内外径、宽度、厚度、深度和孔距
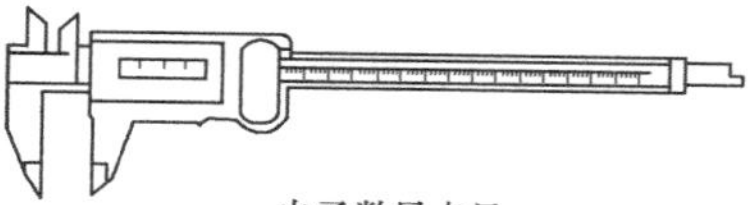 电子数显卡尺	0～150 （长度） 0～115 （深度）	0.01	测量工件内外径、宽度、厚度、深度和孔距

続表

名称及图示	测量范围	读数值	应 用
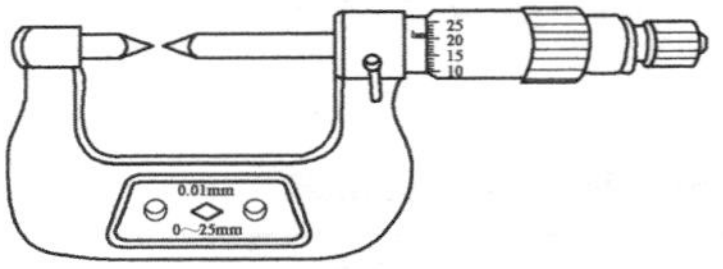 外径百分尺	0～25 25～50 50～75 75～100 100～125	0.01	测量精度工件的外径尺寸
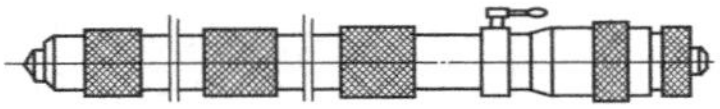 内径千分尺	75～175 75～575 150～1200 180～4000	0.01	测量内径、槽宽和两面相对位置
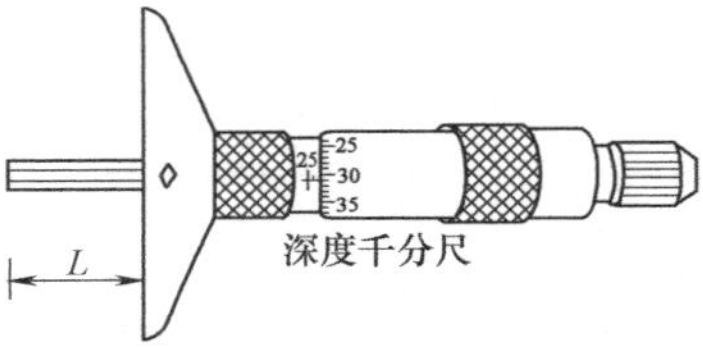 深度千分尺	0～25 25～50 0～100 0～150	0.01	测量工件孔和槽的深度、轴肩长度
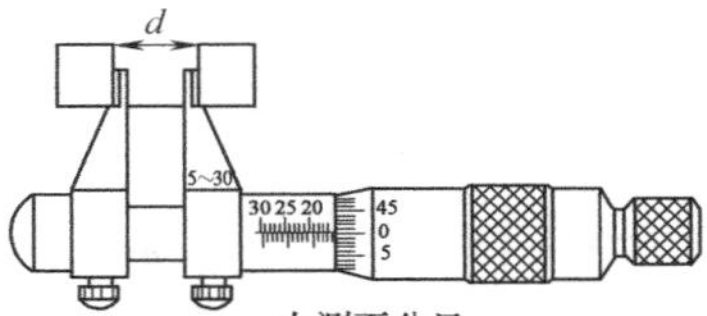 内测百分尺	5～30 25～50	0.01 0.01	测量工件的内侧面
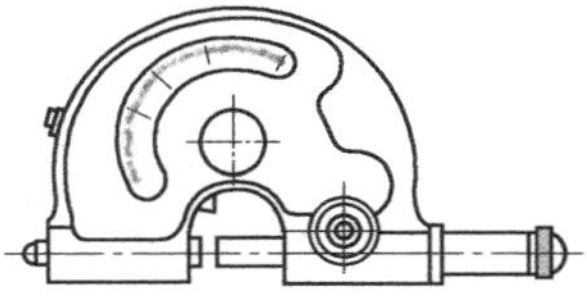 杠杆卡规	0～25 25～50	0.002	用比较法测量小于50mm的外径尺寸
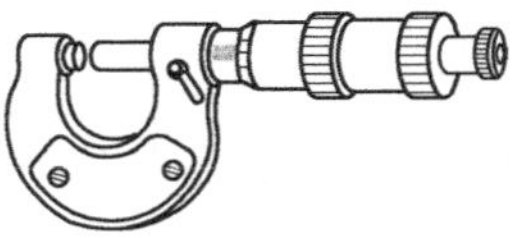 杠杆千分尺	0～25 25～50	0.001 0.002	测量工件的精密外径尺寸,或校对一般量具

70 图解机械装配基础入门

名称及图示	测量范围	读数值	应 用
 小扭簧比较仪	0.001 0.002 0.005	±0.05 ±0.1 ±0.2	测量工件的几何形状误差和零件相互位置的正确性
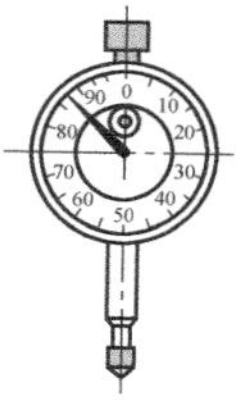 百分表	0～3 0～5 0～10	0.01	用来测量工件的几何形状和相互位置的正确性以及位移量,也可用比较法测量工件长度
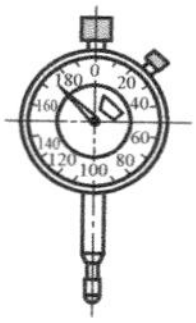 千分表	1	0.001	用比较测量法和绝对测量法测量工件尺寸和几何形状
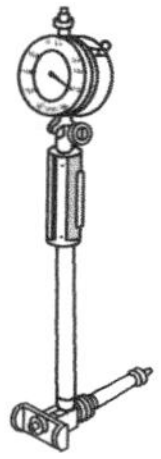 内径百分表	6～18 10～18 18～35 35～50 50～100 50～160 100～160	0.01	用比较法测量内孔尺寸及其工件几何形状

名称及图示	测量范围	读数值	应　　用
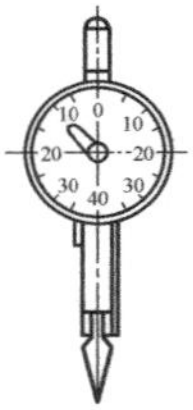 杠杆百分表	±0.4	0.01	测量工件几何形状误差和相互位置的正确性，可用比较法测量长度
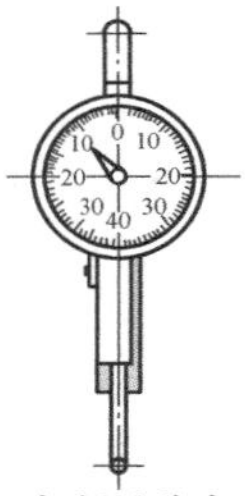 杠杆千分表	±0.2	0.02	测量工件几何形状和相互位置
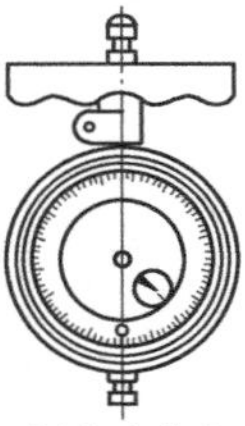 深度千分表	0～160	0.01	用成套的测量杆测量深度
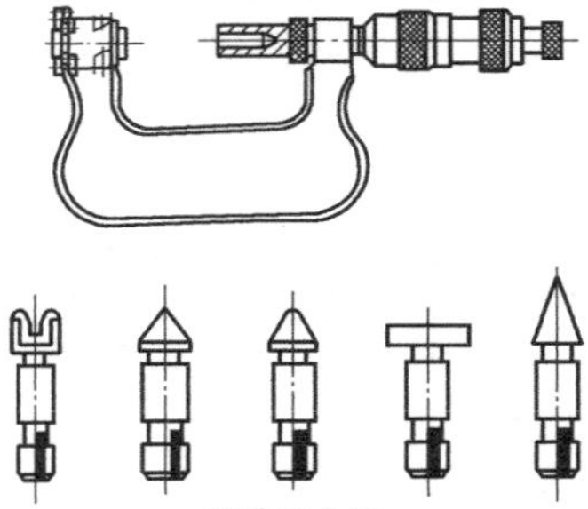 螺纹千分尺	0～25	0.4～4.5：0.4～0.5 0.6～0.8 1～1.5 1.75～2.5 3～4.5　　0.4～3：0.4～0.5 0.6～0.8 1～1.25 1.5～2 2.5～3	测量 H6、H7 级圆柱体或螺纹中径尺寸

名称及图示	测量范围		读数值	应　用
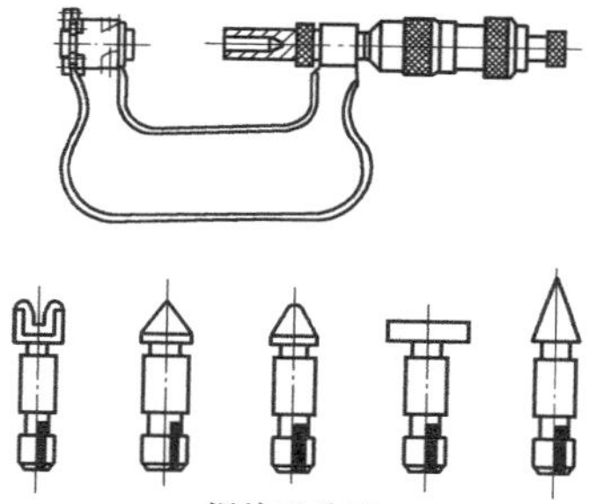 　螺纹千分尺	25～50	0.6～5	0.6～0.8 1～1.25 1.5～2 2.5～3 3.5～5	测量 H6、H7级圆柱体或螺纹中径尺寸
		0.6～6	0.6～0.8 1～1.5 1.75～2.5 3～4.5 5.5～6	
	50～75	0.6～6	0.6～0.8 1～1.5 1.75～2.5 3～4.5 5.5～6	

名称及图示	边长尺寸	应用
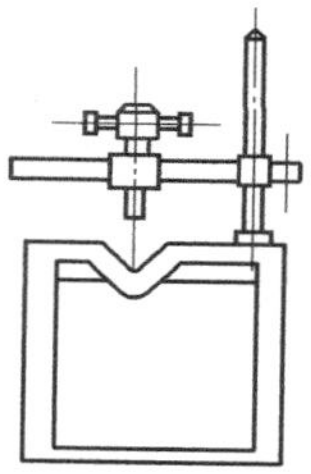 　方箱(方正器)	100、160、200、250、315、400、500	测量机械加工工件的平行度、垂直度和划线

名称及图示	测量范围	示值总误差	分度值	
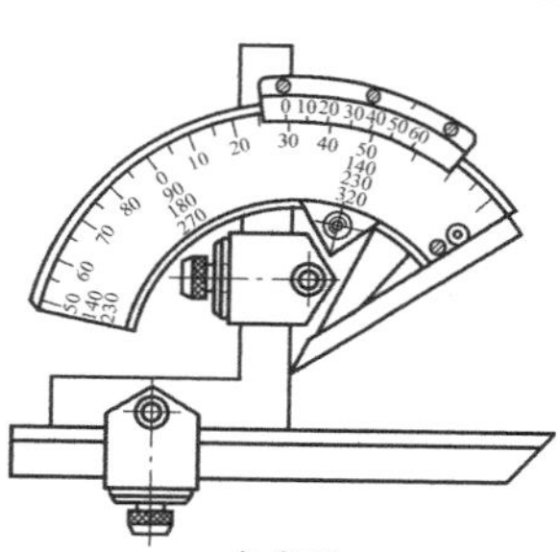 　角度规	0～320° 0～360°	2′;5′ 5′;10	2′;5′ 5′;10′	以接触法按游标读数测量工件角度和进行角度划线

名称及图示	套别	总块数	公称尺寸系列	间隔	块数	精度等级	应用
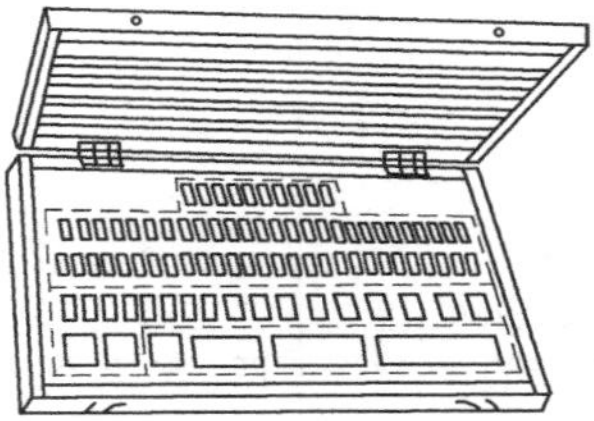 块规	1	83	0.5 1 1.005 1.01,1.02,…,1.49 1.5,1.6,…,1.9 2,2.5,…,9.5 10,20,…,100				长度计算的基准，用于对工件进行精密测量和调整，校对仪器、量具及精密机床
	2	38	1 1.005 1.01,1.02,…,1.49 1.1,1.2,…,1.9 2,3,…,9 10,20,…,100				
	3	10	1,1.001,…,1.009				
	4	10	0.991,0.992,…,2				
	5	10	1,1.01,…,1.09				
	6	20	5.12,10.24,15.36,21.5,25,30.12,35.24,40.36,46.5,50,55.12,60.24,56.36,71.5,75,80.12,85.24,90.36,96.5,100				
	7	7	125,150,175,250,300,400,500				

（3）尺寸测量的要求和注意事项

① 尺寸要测全，精度高低、需要形位公差的部位都必须要清楚。

② 测量要细，要测得准（即测前要确定测量方案，检验和校对测量用具和仪器，有时须另外设计制造专门测量工具）、记得细（详细记录原始记录，即测量读数、测量方法、用具和装配方法，画出简图，标明基准）、记得清（在测量草图上的测量数据准确无误）。

③ 关键零件的尺寸、零件的重要尺寸及较大尺寸，应反复测量，直到数据稳定可靠再取其平均值。

④ 草图上一律标注实测数据。

⑤ 对复杂零件，应边测量、边画放大图，可及时发现测量中的问题。

⑥ 测量时，零件应无变形，以防因此而产生测量误差。

⑦ 测量时应注意零件防锈。

⑧ 对零件相互间的配合或连接处，须分别测量、记录，再确定尺寸。

（4）常见工件的测量方法

① 测量线性尺寸可用钢直尺、螺旋千分尺、游标卡尺等量具来测量，测量方法如图 3-1 所示。

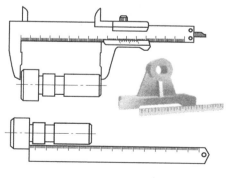

图 3-1　测量直线

② 测量深度可以用游标卡尺进行测量，测量方法如图 3-2 所示。

③ 测量回转面的直径尺寸（内径、外径），可用游标卡尺、千分尺及卡钳等工具、量具配合测量，测量方法如图 3-3 所示。

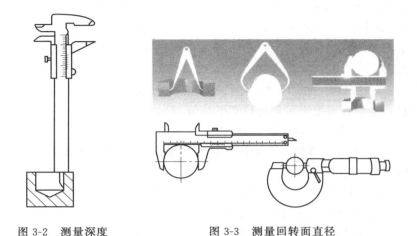

图 3-2　测量深度　　　　　　　图 3-3　测量回转面直径

④ 测量内孔直径也可以用游标卡尺测量，测量方法如图 3-4 所示。

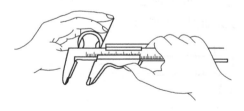

图 3-4　测量内孔直径

⑤ 测量阶梯孔的直径可借助卡钳等工具与钢直尺配合测量，测量方法如图 3-5 所示。

⑥ 测量壁厚可借助卡钳等工具与钢直尺配合测量，测量方法如图 3-6 和图 3-7 所示，其中 $h = L - L_1$。

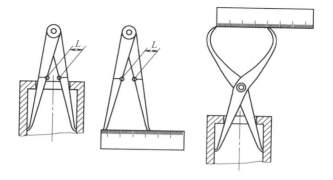

图 3-5　测量阶梯孔直径

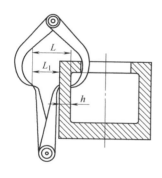

图 3-6　借助卡钳测量零件壁厚　　图 3-7　借助钢直尺测量零件壁厚

⑦ 测量圆角的方法如图 3-8 所示，选择合适的圆角规卡在零件被测的位置，被测位置与圆角规的圆角弧线相吻合时，表示所测的圆角与圆角规的圆角一样。

⑧ 测量螺纹螺距的方法如图 3-9 所示。一般先用螺纹规测量螺纹螺距，然后用游标卡尺测量大径，再查表核对螺纹标准值。

⑨ 测量孔间距离借助外卡钳间接测量后，经简单计算即可得到所需尺寸，方法如图 3-10（a）所示，其中 $L = A + d_1$。空间距离也常常用游标卡尺来测量，测量方法如图 3-10（b）所示，其中 $L = B + (D_1 + D_2)/2$。

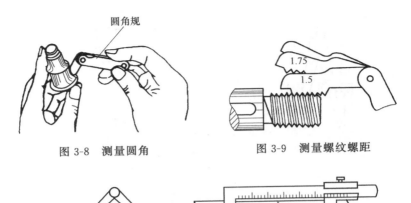

图 3-8　测量圆角　　　　　　　图 3-9　测量螺纹螺距

(a) 借助外钳测量　　　　　(b) 用游标卡尺测量

图 3-10　测量孔间距离

（5）特殊形状零件的测量技巧

① 燕尾槽底面宽度尺寸测量的技巧　如图 3-11 所示是一个具有燕尾槽的零件。根据经验知道，其底面的宽度尺寸 W 是无法通过直接测量得到准确数值的，所以，一般应按以下的步骤来获得

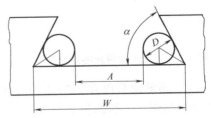

图 3-11　燕尾槽底面宽度的测量

W 的最后数值。首先，要根据该部位零件图的特点画出它的几何图形，并得到一个精确的计算公式；然后选用适合的测量棒对燕尾的夹角距离部分进行测量，并将获得的准确的数据代入有关的公式进行计算。

根据几何知识可以得到 W 长度的计算公式：

$$W = A + D(1 + \cot \alpha / 2)$$

式中　A——两测量棒间的最短距离，mm；

D——测量棒的直径，mm；

α——燕尾槽的底面夹角，(°)。

② 外圆弧面半径尺寸测量的技巧　在生产中经常会见到不具有完整外圆弧形状的零件，为了能够较准确加工其弧度或测绘外圆弧半径的数值，用如图 3-12 所示的方法就可以较精确把握圆弧半径尺寸。首先，要根据该部位零件图的特点画出它的几何图形，得到一个较精确的计算公式；然后巧妙地使用游标卡尺进行测量，并获得其弦的精确尺寸数据，再将获得的精确数据代入有关的公式进行计算。

根据几何知识可以得到半径 R 的计算公式：

$$R = h / 2 + W^2 / 8h$$

式中　h——游标卡尺的量爪高度，mm；

W——游标卡尺两爪间的距离，mm。

③ 内圆弧面半径尺寸测量的技巧　在生产中也经常会见到不具有完整内圆弧形状的零件，为了能够较准确加工其弧度或测绘内圆弧半径的数值，就要有精确地掌握圆弧半径尺寸的方法。如图 3-13 所示，首先，要根据该部位零件图的特点画出它的几何图形，得到一个较精确的计算公式；然后选用游标深度卡尺和三只标准的

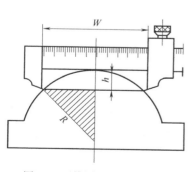

图 3-12　外圆弧半径的测量

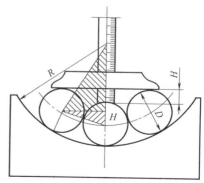

图 3-13　内圆弧半径的测量

测量棒共同进行测量，并获得其相关的精确尺寸数据代入有关的公式进行计算。

根据几何知识可以得到半径 R 的计算公式：

$$R = D/2 + D^2/2H$$

式中　D——测量棒直径，mm；

　　　H——中间的测量棒与两侧的测量棒的高度差，mm。

④ V 形槽角度测量的技巧　带有 V 形槽的零件在实际生产中是经常见到的。对于角度较小的 V 形槽零件可以直接采用角度的测量工具进行测量，但对于角度较大的 V 形槽零件就不宜采用直接测量的方法，只能借助于量具和辅助的工具进行间接的测量，再将得到的数据代入相关的公式经计算获得。在实际生产中，一般要将零件的 V 形槽转画成如图 3-14 所示的有几何特征的图形，得到一个较精确的计算公式，再借助检测高度的有关量具和两只尺寸大小

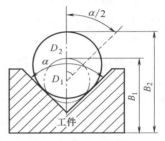

图 3-14　V 形槽角度的测量

不同的测量棒获得必要的数据，将数据代入公式经计算后就可以得到 V 形槽的角度值。

根据几何知识可以得到 V 形槽的角度 α 的计算公式：

$$\sin\alpha/2 = (D_2 - D_1)/[2(B_2 - B_1) - (D_2 - D_1)]$$

式中　D_1——小测量棒的直径，mm；

　　　D_2——大测量棒的直径，mm；

　　　B_1——小测量棒最高点至工件底面的高度，mm；

　　　B_2——大测量棒最高点至工件底面的高度，mm；

　　　α——V 形槽的角度，(°)。

⑤ V 形槽口宽度尺寸测量的技巧　对 V 形槽零件的槽口尺寸进行直接测量是比较困难的，而测量后的数据也往往很不精确，在这种情况下，最好采用间接的测量法。在实际生产中一般先将零件的 V 形部分图形转画成如图 3-15 所示的有几何特征的图形，得到

一个较精确的计算公式；然后通过选用必要的量具和辅助的工具经测量后获得相关部分尺寸的数据；再将数据代入有关的公式中进行计算，即可得到较精确的 V 形槽零件的槽口尺寸数据。

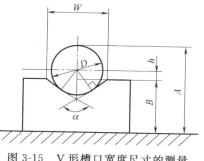

图 3-15　V 形槽口宽度尺寸的测量

根据几何知识可以得到 V 形槽口尺寸的计算公式：

$$h = A - B - D/2$$
$$W = D/\cos\alpha/2 - 2h\tan\alpha/2$$

式中　h——测量棒中心到 V 形槽口的高度，mm；

　　　A——测量棒最高点到 V 形槽零件底面的高度，mm；

　　　B——V 形槽零件的高度，mm；

　　　D——测量棒的直径，mm；

　　　α——V 形槽的角度，(°)。

⑥ 锥形孔、锥形面测量的技巧　有些零件上加工较小的锥角是靠量具本身的角度确定，但要加工较大的锥角并获得其较精确的锥角是比较困难的，在生产中一般是采用两只大小不同的量棒或者量球来进行间接测量获得较精确的数值。在实际生产中，一般先将零件的锥形部分的图形转画成如图 3-16 所示有几何特征的图形，得到一个较精确的计算公式；然后选用必要的量具和辅助工具经测量后获得相关部分尺寸的数据；再

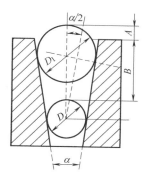

图 3-16　圆锥孔或锥形面的测量

将数据代入有关的公式中计算，即可得到较精确的锥形角度的尺寸数据。

根据几何知识可以得到锥形孔或锥形面锥度数值的计算公式：

$$\sin\alpha/2=(D_1-D)/[2(B+A)+(D-D_1)]$$

式中　D_1——大测量棒或量球的直径，mm；

　　　D——小测量棒或量球的直径，mm；

　　　B——小测量棒最高点至工件平面的距离，mm；

　　　A——大测量棒最高点至工件平面的距离，mm；

　　　α——圆锥孔或锥面的角度，(°)。

⑦ 用正弦规测量外锥体、斜面体的技巧　外锥体或斜面体零件是零件常见的几何形状，也是测量操作的难点之一。如图 3-17 所示正弦规是精确测量外锥体或斜面体零件的测量工具，但它必须要同量块、百分表和具有较好精度等级的平板等配合使用。

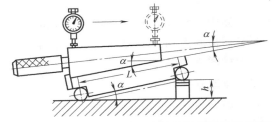

图 3-17　使用正弦规对外锥体或斜面体零件进行测量

在使用时有两种方法：

a. 正弦规圆柱的一端用量块垫高，再用百分表进行检验，使得工件的锥体表面与基础平板的表面保持严格的平行状态。然后根据所垫的量块高度和正弦规两圆柱间的中心距离用下列的公式来进行计算，从而获得工件的锥角 α 的数值。

$$\sin\alpha=h/L \tag{3-1}$$

式中　α——工件的锥角，(°)；

　　　h——量块的高度，mm；

　　　L——正弦规两圆柱之间的中心距离，mm。

b. 根据工件的锥角和正弦规量圆柱之间的中心距离，先计算出所需要量块的高度 h，然后再用百分表检验工件锥体表面与基础平板在平行度存在的误差。

由式（3-1）可知量块的高度：

$$h = L\sin\alpha。$$

⑧ 弯曲件实际展开长度的计算方法　在生产中采用板料或管料弯曲零件时，往往需要根据零件图样来计算出零件应该下料的展开长度尺寸，其计算的方法如图3-18所示。

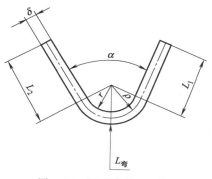

图 3-18　圆弧形弯曲工件

为了能够较精确地计算出展开的长度尺寸，通常是使用经验公式。

$$L_{展} = L_1 + L_2 + L_{弯}$$
$$L_{弯} = \rho\pi(180° - \alpha)/180°$$

式中，ρ 为材料的中性层弯曲的半径，一般是用经验公式来确定。

$$\rho = r + x\delta$$

式中　x——中性层位移系数（其值与零件的弯曲程度有关，可在冷作加工的手册中查到。当弯曲变形的程度不大或精度要求不高时，可取其值 $x = 0.5$）；

　　　r——内弯曲半径，mm；

　　　δ——材料的厚度，mm。

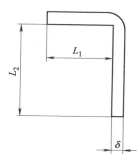

图 3-19　内弯曲半径很小的工件

如果当工件弯曲的半径很小，即 $x/\delta < 0.3$ 时，此时弯曲工件的展开长度可采用等体积法来进行计算。如图3-19所示，工件的内边被弯曲成不带圆弧的直角，那么在求其展开长度时，除将其直线部分的长度直接相加之外，还应该按弯曲前后毛坯体积不变的原则，再参照实际生产的情况增加一个长度值 A。

其计算的简化式为：

$$A = 0.5t$$

$$L_展 = L_1 + L_2 + A = L_1 + L_2 + 0.5\delta$$

3.1.2 学会划线

划线是根据图样的尺寸要求，用划针工具在毛坯或半成品上划出待加工部位的轮廓线（或称加工界限）或作为基准的点、线的一种操作方法。划线的精度一般为 0.25~0.5mm。

（1）划线的种类

划线分为平面划线和立体划线两种。平面划线是在工件的一个平面上划线后即能明确表示加工界限，它与平面作图法类似。立体划线是平面划线的复合，是在工件的几个相互成不同角度的表面（通常是相互垂直的表面）上都划线，即在长、宽、高三个方向上划线。

（2）划线的作用

① 所划的轮廓线即为毛坯或半成品的加工界限和依据，所划的基准点或线是工件安装时的标记或校正线。

② 在单件或小批量生产中，用划线来检查毛坯或半成品的形状和尺寸，合理地分配各加工表面的余量，及早发现不合格品，避免造成后续加工工时的浪费。

③ 在板料上划线下料，可做到正确排料，使材料合理利用。划线是一项复杂、细致的重要工作，如果将划线划错，就会造成加工工件的报废。所以划线直接关系到产品的质量。对划线的要求是：尺寸准确、位置正确、线条清晰、冲眼均匀。

（3）划线常用的工具

常用划线工具的名称和使用说明见表 3-2。

（4）划线的基本方法

1）划线基准的选择　划线时，应首先确定划线基准。所谓划线基准是以工件上某一条线或某一个面作为依据来划出其余的尺寸

表 3-2　常用划线工具

名称	图示	说明
平板	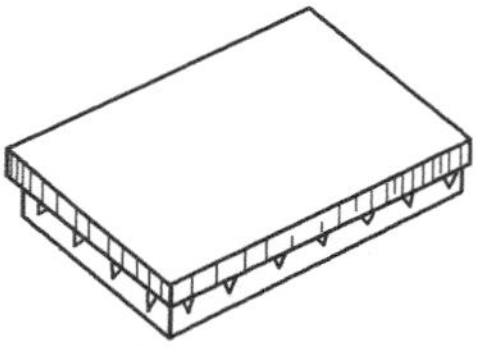	由铸铁或花岗岩制成,表面经精刨、刮削或磨削加工,是划线的基准平面。使用时应保持其清洁,防止划伤碰毛,以保持平面精度
划规	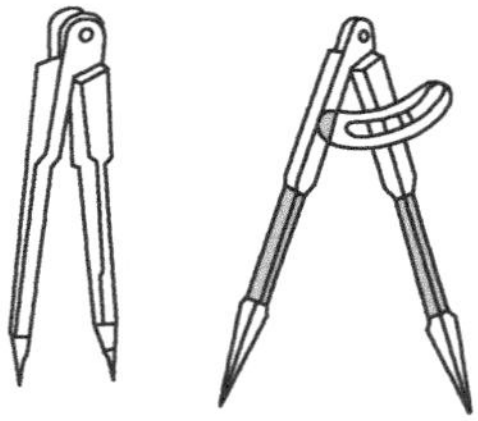	用工具钢制成,尖端淬硬,也可在尖部焊上高速钢或硬质合金。常用于划圆、圆弧、等分角度或线段等
游标划规	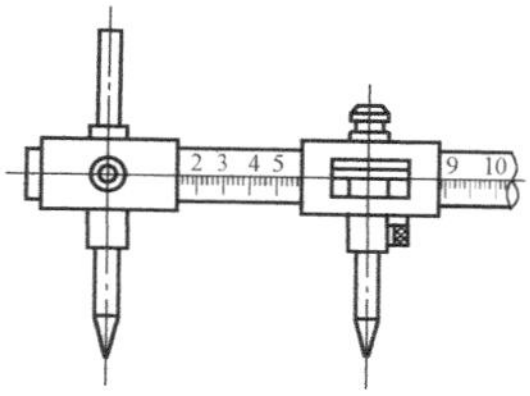	游标划规带有游标刻度,游标划针可调整距离,另一划针可调整高低,以适应于大尺寸和阶梯面划线
专用划规	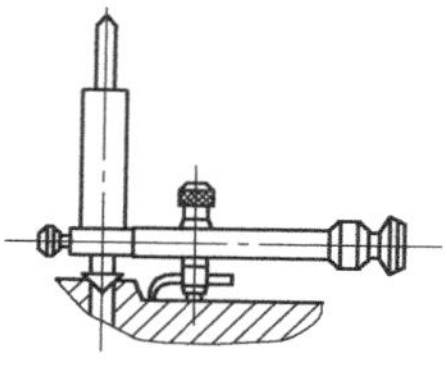	与游标划规类似,可利用零件上的孔作圆心,划同心圆或圆弧,也可在阶梯面上划线
单脚划规	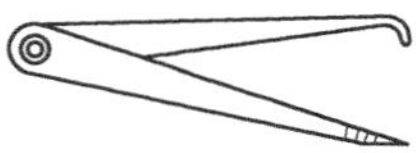	常用于找正圆弧面的圆心或沿已加工好的直面划平行线
样冲	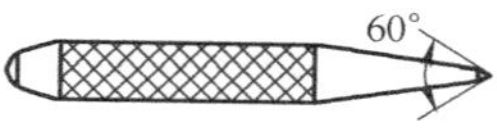	用工具钢或高速钢制成,锻成八菱形,尖部淬火并磨成 60°。用于在已划好的线上冲眼以加强界线;或在需钻孔的中心上先轻轻冲眼,并划好孔的加工线,再将冲眼加深

続表

名称	图示	说明
游标 高度尺	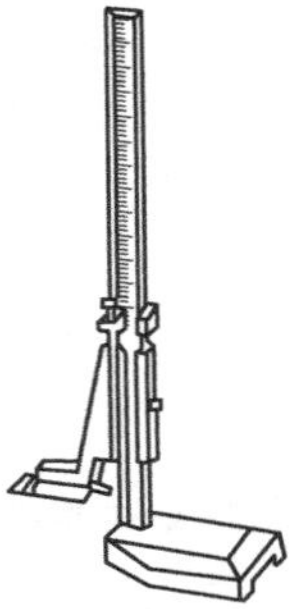	是较精密的划线工具，与游标卡尺的读数原理相同，调整划线方便、准确。常用于划平行线，也可与杠杆百分表等配合用于测量找正。要注意保护划线刀刃
划线盘		划线盘调整不太方便，但刚性较好，其划线一端焊有高速钢，另一端弯成钩状，便于找正使用
划针	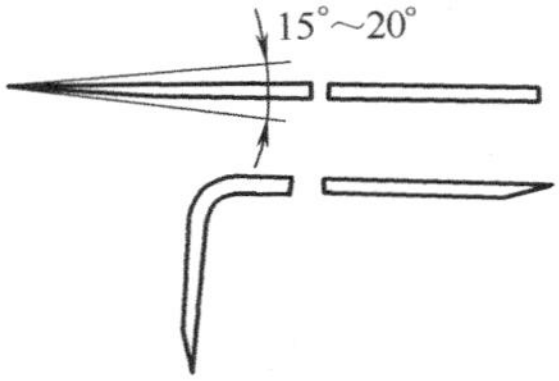	可用 $\phi 3\sim 5mm$ 的弹簧钢直接制成，或由高速钢锻成，针尖经淬火硬化后磨成 $15°\sim 20°$，针体呈四方或六方形，有直划针和弯头划针两类。直划针与钢直尺配合使用时，针尖应紧贴钢尺，针体向外侧倾约 $15°$ 并向后倾 $45°$
中心架		调整螺钉可将中心架固定在工件的孔中，以便于划中心线时在其上定出中心
90°直 角尺	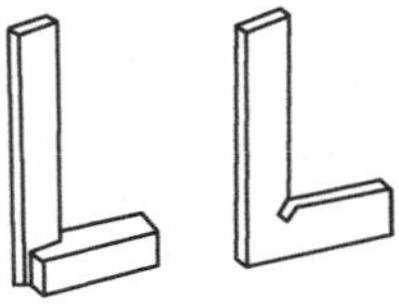	划线时常用来找正工件在平板上的垂直位置。也可作为划平行线或垂直线的导向工具

名称	图示	说明
V形架	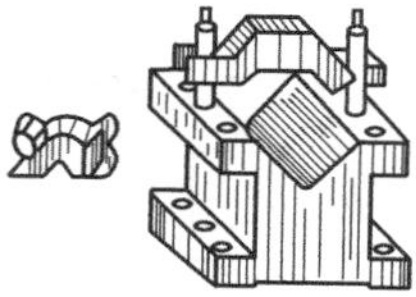	通常用铸铁或中碳钢制成。一般成组使用,常用于支承轴类零件
千斤顶	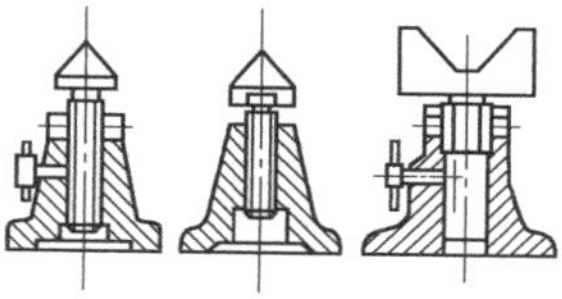	用于支承毛坯或不规则形状的工件
方箱	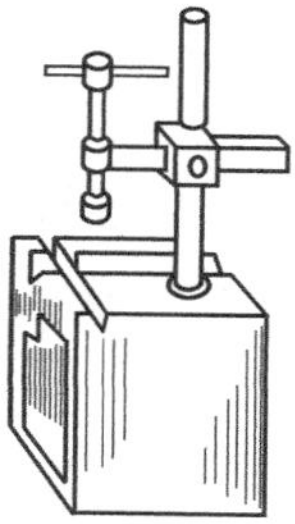	用铸铁制成,各表面经刮削加工,相邻面互相垂直。用于夹持工件,并方便翻转,工件中相互垂直的线条可在一次装夹中全部划出。其上的V形槽平行于相应平面,便于圆柱形工件的装夹,常用于立体划线
角铁	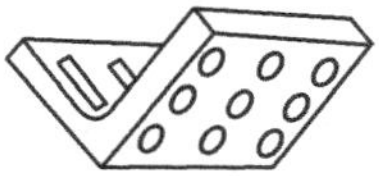	用铸铁制成,两面经刨削或刮削加工,相互间成90°,常与压板或"C"形夹头配合使用
分度头	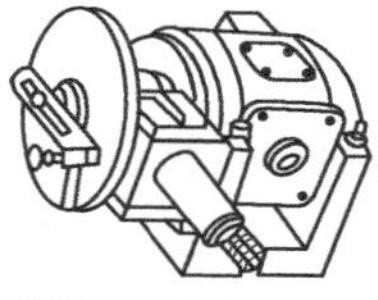	常用于对圆柱或其端面等分划线

线,那么这条线（或面）则称为划线基准。划线基准应尽量与设计基准一致,毛坯的基准一般选其轴线或安装平面作基准。如图3-20所示的支承座应以设计基准 B 面和 A 线（对称线）为划线基准,就能按照图上的尺寸画出全部尺寸界限。

2）划线步骤　划线分平面划线和立体划线。平面划线是在工件的一个表面上划线，方法与机械制图相似。立体划线是在工件的几个表面上划线，如在长、宽、高方向或其他倾斜方向上划线。工件的立体划线通常在划线平台上进行，划线时，工件多用千斤顶来支承，有的工件也可用方箱、V形块等支承。

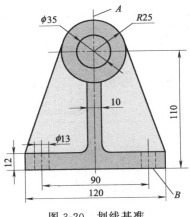

图 3-20　划线基准

① 划线前的准备工作：毛坯在划线前要进行清理（将毛坯表面的脏物清除干净，清除毛刺），划线表面需涂上一层薄而均匀的涂料，毛坯面用大白浆或粉笔；已加工面用紫色涂料（龙胆紫加虫胶和酒精）或绿色涂料（孔雀绿加虫胶和酒精）。有孔的工件，还要用铅块或木块堵孔，以便确定孔的中心。

② 立体划线操作：图 3-21 所示为轴承座的立体划线操作方法，它属于毛坯划线。划线及具体步骤如图 3-21（b）～（f）所示。

（5）特殊工件的划线实例

1）大型工件划线　在大型工件的划线中，首先需要解决的就是划线用的支承基准问题，除了可以利用大型机床的工作台划线外，一般较为常用的有以下几种方法：

① 工件移位法　当大型工件的长度超过划线平台的三分之一时，先将工件放置在划线平台的中间位置。找正后，划出所有能够划到部位的线，然后将工件分别向左向右移位，经过找正，使第一次划的线与划线平台平行，就可划出大件左右端所有的线。

② 平台接长法　当大型工件的长度比划线平台略长时，则以最大的平台为基准，在工件需要划线的部位，用较长的平台或平尺接触基准平台的外端，校正各平面之间的平行度，以及接长平台面至基准平台面之间的尺寸；然后将工件支承在基准平台面上，绝不

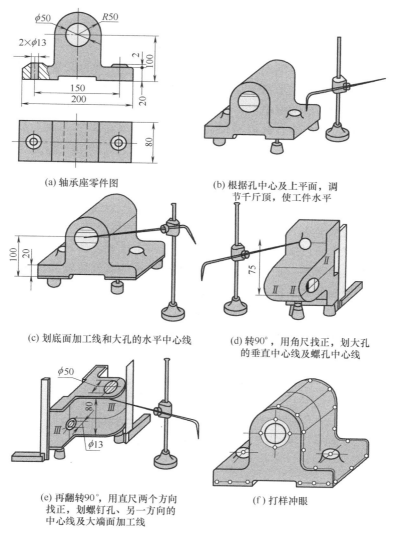

(a) 轴承座零件图

(b) 根据孔中心及上平面，调节千斤顶，使工件水平

(c) 划底面加工线和大孔的水平中心线

(d) 转90°，用角尺找正，划大孔的垂直中心线及螺孔中心线

(e) 再翻转90°，用直尺两个方向找正，划螺钉孔、另一方向的中心线及大端面加工线

(f) 打样冲眼

图 3-21 轴承座的立体划线

能让工件接触长的平板或平尺，不然由于承受压力，必将影响划线的高低尺寸和平行度，只有划线盘在这些平板和平尺上移动进行

划线。

③ 导轨与平尺的调整法　此法是将大型工件放置于坚实的水泥地的调整垫铁上。用两根导轨相互平行地置于大型工件两端（导轨可用平直的工字钢或经过加工的条形铸铁等，其长度与宽度根据大型工件的尺寸、形状选用），再在两根导轨的端部靠近大型工件的两边，分别放两根平尺，并将平尺调整成同一水平位置。对大型工件的找正、划线，都以平尺面为基准，划线盘在平尺面上移动，进行划线。

④ 水准法拼凑平台　这种方法是将大型工件放置于水泥地的调整垫铁上，在大件需要划线的部位，放置相应的平台，然后用水准法校平各平台之间的平行和等高，即可进行划线。

所谓水准法，如图 3-22 所示，将盛水的桶置于一定高度的支架上，使水通过接口、橡胶管流到标准座内带刻度的玻璃管里。再将标准座置于某一平台面上，调整平台支承的高低位置并用水平仪校正平台面的水平位置，此时玻璃管内的水平面则对准某一刻度。之后利用这一刻度和水平仪，采用同样方法，依次校正其他平台面使与第一次校正的平台面平行和等高。

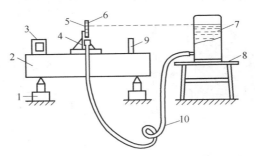

图 3-22　水准法拼凑大型平台的方法

1—可调支承座；2—中间平台；3—水平仪；4—标准座；5—玻璃管；

6—刻度线；7—水桶；8—支架；9—水平仪；10—橡胶管

⑤ 特大型工件划线的拉线与吊线法　拉线与吊线法适用于特大工件的划线，它只需经过一次吊装、找正，就能完成整个工件的

划线，解决了多次翻转的困难。拉线与吊线法原理如图 3-23 所示，这种方法是采用拉线（$\phi0.5\sim1.5mm$ 的钢丝，通过拉线支架和线坠拉成的直线）、吊线（尼龙线，用 30°锥体线坠吊直）、线坠、角尺和金属直尺互相配合通过投影来引线的方法。

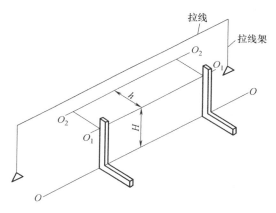

图 3-23　拉线与吊线法原理

2）主轴箱划线　主轴箱是车床的重要部件之一，图 3-24 为卧式车床主轴箱箱体图，从图中可以看出，箱体上加工的面和孔很多，而且位置精度和加工精度要求都比较高，虽然可以通过加工来保证，但在划线时对各孔间的位置精度仍要特别注意。

该主轴箱体在一般加工条件下，划线可分为三次进行。第一次确定箱体加工面的位置，划出各平面的加工线；第二次以加工后的平面为基准，划出各孔的加工线和十字校正线；第三次划出与加工后的孔和平面尺寸有关的螺孔、油孔等加工线。

主轴箱箱体的划线步骤：

① 第一次划线　第一次划线时在箱体毛坯件上划线，主要是合理分配箱体上每个孔和平面的加工余量，使加工后的孔壁均匀对称，为第二次划线时确定孔的正确位置奠定基础。

a. 将箱体用三个千斤顶支承在划线平板上，如图 3-25 所示。

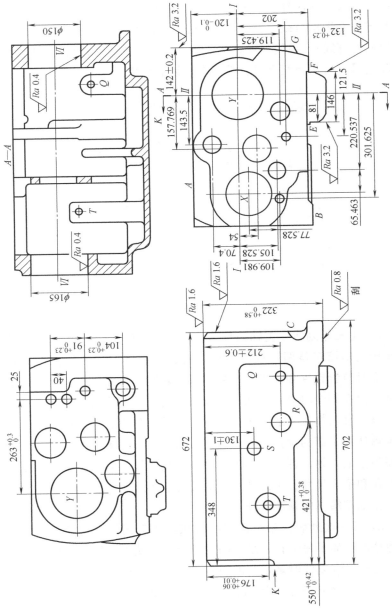

图 3-24 车床主轴箱体

b. 用划线盘找正 X、Y 孔（制定轴孔、主轴孔都是关键孔）的水平中心线及箱体的上下平面与划线平板基本平行。

c. 用直角尺找正 X、Y 孔的两端面 C、D 和平面 G 与划线平板基本垂直，若差异较大，可能出现某处加工余量不足，应调整千斤顶与 A、B 的平行方向借料。

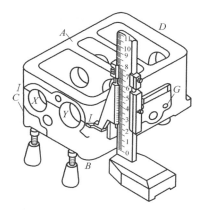

图 3-25   用三个千斤顶支承在平板上

d. 然后以 Y 孔内壁凸台的中心（在铸造误差较小的情况下，应与孔中心线基本重合）为依据，划出第一放置位置的基准线 $I—I$。

e. 再以 $I—I$ 线为依据，检查其他孔和平面在图样所要求的相应位置上是否都有充分的加工余量，以及在 C、D 垂直面上各孔周围的螺孔是否有合理的位置，一定要避免螺孔有大的偏移，如果发现孔或平面的加工余量不足，都要进行借料，对加工余量进行合理调整，并重新划出 $I—I$ 基准线。

f. 最后以 $I—I$ 线为基准，按图样尺寸上移 120mm 划出上表面加工线，再下移 322mm 划出底面加工线。

g. 箱体翻转 90°，用三个千斤顶支承，放置在划线平板上，如图 3-26 所示。

h. 用直角尺找正基准线 $I—I$ 与划线平板垂直，并用划线盘找正 Y 孔两壁凸台的中心位置。

i. 以此为依据，兼顾 E、F（见图 3-27）、G 平面都有加工余量的前提下，划出第二放置位置的基准线 $II—II$。

j. 以 $II—II$ 为基准，检查各孔是否有充分的加工余量，E、F、G 平面的加工余量是否合理分布；若某一部位的误差较大，都应借料找正后，重新划出 $II—II$ 基准线。

k. 最后以 $II—II$ 线为依据，按图样尺寸上移 81mm 划出 E 面

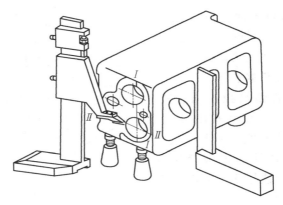

图 3-26 箱体翻转 90°支承在平板上

加工线，再下移 146mm 划出 F 面加工线，仍以 Ⅱ—Ⅱ 线为依据下移 142mm 划出 G 面加工线（见图 3-27）。

l. 将箱体翻转 90°，用三个千斤顶支承在划线平板上，如图 3-27 所示。

m. 用直角尺找正 Ⅰ—Ⅰ、Ⅱ—Ⅱ 两条基准线与划线平板垂直。

n. 以主轴孔 Y 内壁凸台的高度为依据，兼顾 D 面加工后到 T、S、R、Q 孔的距离（确保孔对内壁凸台、肋板的偏移量不大），划出第三放置位置的基准线Ⅲ—Ⅲ，即 D 面的加工线。

o. 然后上移 672mm 划出平面 C 的加工线。

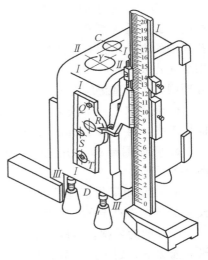

图 3-27 箱体再翻转 90°支承在平板上

p. 检查箱体在三个放置位置上的划线是否准确，当确认无误后，冲出样冲孔，转加工工序进行平面加工。

② 第二次划线 箱体的各平面加工结束后，在各毛孔内装紧

中心塞块，并在需要划线的位置涂色，以便划出各孔中心线的位置。

a. 箱体的放置仍如图 3-25 所示，但不用千斤顶而是用两块平行垫铁安放在箱体底面和划线平板之间，垫铁厚度要大于储油池凸出部分的高度，应注意箱体底面与垫铁和划线平板的接触面要擦干净，避免因夹有异物而使划线尺寸不准。

b. 用游标高度尺从箱体的上平面 A 下移 120mm，划出主轴孔 Y 的水平位置 $I—I$。

c. 再分别以上平面 A 和 $I—I$ 线为尺寸基准，按图样的尺寸要求划出其他孔的水平位置线。

d. 将箱体翻转 90°，仍如图 3-26 所示的位置，平面 G 直接放在划线平板上。

e. 以划线平板为基准上移 142mm，用游标高度尺划出孔 Y 的垂直位置线（以主轴箱工作时的安放位置为基准）$II—II$。

f. 后按图样的尺寸要求分别划出各孔的垂直位置线。

g. 箱体翻转 90°，仍如图 3-27 所示的位置，平面 D 直接放在划线平板上。

h. 以划线平板为基准分别上移 180mm、348mm、421mm、550mm，划出孔 T、S、R、Q 的垂直位置线（以主轴箱工作时的安放位置为基准）。

i. 检查各平面内各孔的水平位置与垂直位置的尺寸是否准确，孔中心距是否有较大的误差。若发现有较大误差，应找出原因，及时纠正。

j. 分别以各孔的水平线与垂直线的交点为圆心，按各孔的加工尺寸用划规划圆，并冲出样冲孔，转机加工序进行孔加工。

③ 第三次划线　在各孔加工合格后，将箱体平稳地放置于划线平板上，在需划线的部位涂色，然后以已加工平面和孔为基准划出各有关的螺孔和油孔的加工线。

3）凸轮划线　在机修过程中，当凸轮损坏或磨损严重，需要更换，无备件也无零件图时，就需要首先测绘原凸轮轮廓曲线（工作曲线）。

① 分度法　图 3-28 所示为在铣床分度头（或光学分度头）上划线配合千分表进行测绘端面凸轮工作曲线的情况，有些凸轮，如圆柱凸轮在坐标镗床进行测绘更方便。这种方法所测绘出的凸轮轮廓比较准确，尽管这样，所绘出的凸轮轮廓尚需进一步校正。

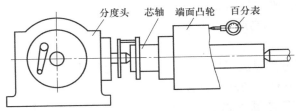

分度头　芯轴　端面凸轮　百分表

图 3-28　用分度头测量凸轮轮廓

② 拓印法　这种方法即把凸轮轮廓复印到纸面上。但这样绘出的凸轮轮廓不够准确，更需对所测得的凸轮轮廓进行校正。

划线要点：

划线要点有四条，条条都要记得清。

a. 凸轮划线要准确、清晰，曲线连接要平滑，无用辅助线要去掉，突出加工线为主。

b. 凸轮曲线的公切点（如过渡圆弧的切点），明确标记于线中，定能方便机加工；曲线的起始点、装配"0"线等，也要明确标清。

c. 样冲孔须重整，使其落在线正中，方便检查，易加工。

d. 精度要求高的凸轮曲线，尚需经过装配、调整和钳工修整，直至准确才定型。划线时要看清工艺，留有一定余量以便修正。

划线步骤：

图 3-29 所示为铲齿车床所用的等速上升曲线凸轮，即阿基米德螺旋线凸轮。划线前工件外圆为 φ82mm，其余部位都已加工到成品尺寸。其划线步骤如下：

a. 分析图样，装卡工件　选择划线的尺寸基准为锥孔和键槽，放置基准为锥孔。按孔配作一根锥度芯轴，先将其加载分度头的三爪自定心卡盘中校正，再安装工件。

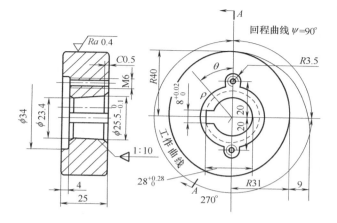

(a) 铲齿车床交换凸轮工件

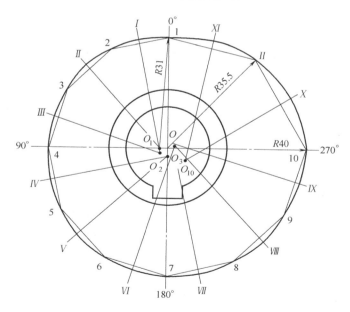

(b) 凸轮曲线的划法

图 3-29　等速运动曲线凸轮的划法

b. 划中心十字线　其中一条应是键槽中心线，取其为 0 位，即凸轮曲线的最小半径处。

c. 划分度射线　将 270°工作曲线分成若干等份。等分数越多，划线精度越高。在此，取 9 等份，每等份占 30°角。从 0°开始，分度头每转过 30°，划一条射线，共划 10 条分度射线。此外，在下降曲线的等分重点再划一条射线。

d. 定曲率半径　工作曲线总上升量是 9mm，因此每隔 30°应上升 1mm。先将工件的 0 位转至最高点，用高度尺在射线 1 上截取 $R_1 = 31$mm，得 1 点，依次类推，直至在射线 10 上截取 $R_{10} = 40$mm，得第 10 点。然后，在回程曲线的射线 11 上，截取 $R_{11} = 35.5$mm，得第 11 点。

e. 连接凸轮曲线　取下工件，用曲线板逐点连接 1～10 各点得到工作曲线，再连接 10、11、1 三点，得回程曲线。主要连线上，曲线板应与工作曲线的曲率变化方向一致，每一段弧至少应有三点与曲线板重合，以保证曲线的连接圆滑准确。

f. 冲样孔　在加工线上冲样孔，并去掉不必要的辅助线，着重突出加工线。凸轮曲线的起始点应明确作出标记。

4）挖掘机起重臂的划线　图 3-30 所示为挖掘机起重臂工件图，从图中可以看出工件的特点是长而笨重，呈窄长条形。工件上需要加工的孔和平面很多，这些孔表面与加工平面又是装配时的基准，这就要求保证每个孔与加工平面都有充分且较均匀的加工余量。

其具体划线步骤如下：

① 划第一划线位置

a. 将三个千斤顶按三角形稳妥地摆放在水泥地上。

b. 再把工件置于其上（切不可碰撞已校正的平台上），如图 3-31 所示。

c. 调整千斤顶，用划针校正 B 面与平台基本平行，检查 B、C 面的中心线 480mm 处于 M 孔凸台中心对称；并检查它至 N 孔尺寸 180mm 和 G、H 孔尺寸 730mm 以及 A 面，应都有较均匀的加工余量。

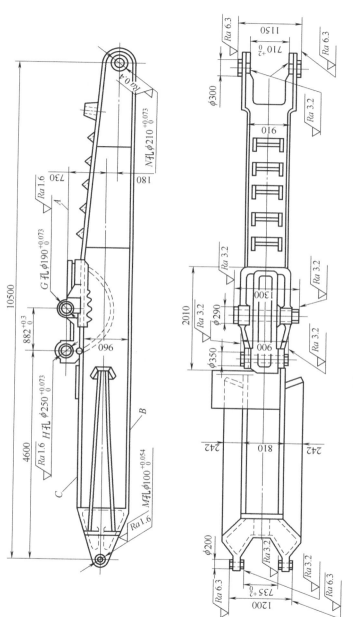

图 3-30 挖掘机起重臂工件

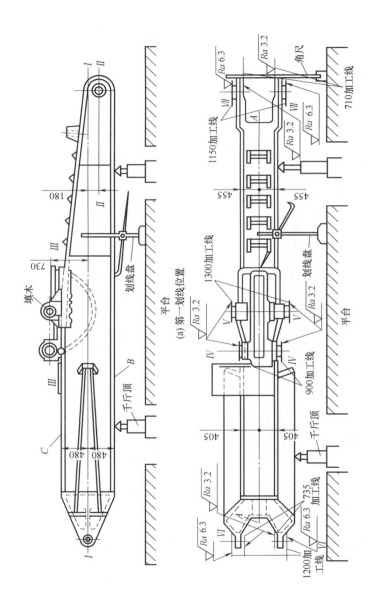

(a) 第一划线位置

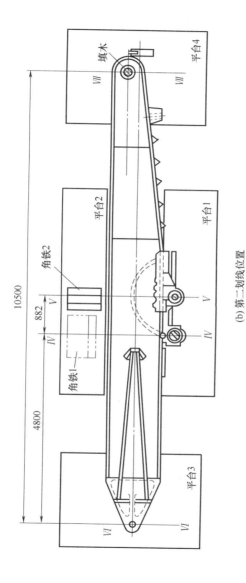

（b）第二划线位置

图 3-31 挖掘机起重臂工件的划线

d. 随后依据 B、C 面和 M 孔凸台划出 M 孔第一位置线Ⅰ—Ⅰ，并从Ⅰ—Ⅰ线下移 180mm，划出 N 孔的第一位置线Ⅱ—Ⅱ；然后从Ⅰ—Ⅰ线上移 730mm，划出 G、H 孔的第一位置线Ⅲ—Ⅲ，它也是 A 面的加工线。

② 划第二划线位置

a. 将工件翻转 90°，如图 3-31（b）所示，调整千斤顶，用角尺在工件两端校直Ⅰ—Ⅰ线使之与平台面垂直，确定图示前后位置。

b. 用划针找正 810mm、910mm 的中心线，再以此检查，使刚好等于 M、N 孔处 710mm、735mm 的平分线，如果差异较大，则应该加以改正，并保证 1150mm、1300mm、900mm、1200mm 厚度留有加工余量，确定图示左右位置，划出校正线 A—A。

c. 然后在中间平台上装夹角铁 1，划线盘底置于角铁面上，校正角铁面Ⅰ—Ⅰ线平行。

d. 再装夹角铁 2，用角度校正角铁 2 与角铁 1 垂直，拆除角铁 1，即可依据 G、H、M、N 孔外缘凸台，首先划出Ⅱ孔的第二位置线Ⅳ—Ⅳ（另一端端面上的垂线，可用角尺靠近端面，依据在凸台端头上的Ⅳ—Ⅳ引划），Ⅳ—Ⅳ线与Ⅲ—Ⅲ线两交点的连线，即为Ⅱ孔轴线。

e. 同时将Ⅳ—Ⅳ线划在平台面上，随后拆除角铁 2；依据平台面上的Ⅳ—Ⅳ线右移 882mm，用角尺和钢直尺引划出Ⅰ孔的第二位置线Ⅴ—Ⅴ，Ⅴ—Ⅴ线与Ⅲ—Ⅲ线两交点的连线，即为Ⅰ孔轴线。

f. 然后依据平台上的Ⅳ—Ⅳ线两端分别向左移 4800mm，划在 3、4 平台上，得到Ⅳ—Ⅳ线相距 4800mm 且又平行的线，依据此线，用角尺和金属直尺配合引划 M 孔第二位置线Ⅵ—Ⅵ，Ⅵ—Ⅵ线与Ⅰ—Ⅰ线两焦点的连线，即为 M 孔轴线。

g. 用同样方法划出 N 孔第二位置Ⅶ—Ⅶ，Ⅶ—Ⅶ线与Ⅱ—Ⅱ线两交点的连线，即为 N 孔轴线。

h. 接着划 G、H、M、N 孔两端面加工线，即以 A—A 线分别划出各孔上、下端面的加工线。

3.2 掌握切削性操作技能

切削性操作主要是指靠手工来加工金属配件的各种工艺，如錾削、锯削、锉削、刮削、钻孔、扩孔、铰孔、锪孔、攻螺纹、套螺纹、刮削与研磨等。

3.2.1 錾削

用手锤击打錾子进行金属切削加工的操作称作錾削。

(1) 錾削基本方法

錾子用左手中指、无名指和小指松动自如地握持，大拇指和食指自然地接触，錾子头部伸出 20～25mm，如图 3-32 所示。

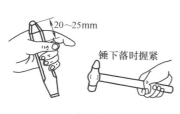
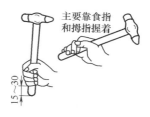

(a) 錾子握法　　　　　　　　(b) 手锤及其握法

图 3-32　錾子和手锤的握法

手锤用右手拇指和食指握持，当锤击时其余各指才握紧。锤柄端头伸出 15～30mm，如图 3-32 (b) 所示。

① 錾削时的姿势　錾削时的姿势应便于用力，不易疲倦，如图 3-33 所示。同时挥锤应自然，眼睛应注视錾刃。

图 3-33　錾削时的姿势

② 錾削过程　起錾时，錾子要握平或将錾子略向下倾斜，以

便切入工件，如图 3-34（a）所示。

錾削时，錾子要保持正确的位置和前进方向，如图 3-34（b）所示。锤击用力应均匀。

錾出时，应调头錾切余下部分，以免工件边缘部分崩裂，如图 3-34（c）所示。

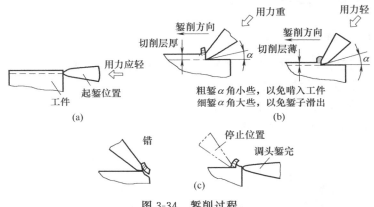

图 3-34　錾削过程

（2）錾削操作技巧

1）錾切板料的方法　常见錾切板料的方法有以下三种：

① 工件夹在台虎钳上錾切　錾切时，板料按划线（切断线）与钳口平齐，用扁錾沿着钳口并斜对着板料（约成 45°角）自右向左錾切（图 3-35）。錾切时，錾子的刃口不能正对着板料錾切，否则板料的弹动和变形，会造成切断处产生不平整或出现裂缝（图 3-36）。

② 在铁砧上或平板上錾切　尺寸较大的板料，在台虎钳上部夹持，应放在铁砧上錾切（图 3-37）。切断用的錾子，其切削刃应磨有适当的弧形，这样便于錾削，而且錾痕也齐整（图 3-38）。錾子切削刃的宽度应视需要而定。当錾切直线段时，扁錾切削刃可宽些，錾切曲线段时，刃宽应根据曲率半径的大小决定，使錾痕能与曲线基本一致。

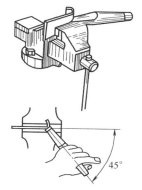

图 3-35　在台虎钳上錾切板料

图 3-36　不正确的錾切薄料方法

图 3-37　在铁砧上錾切板料

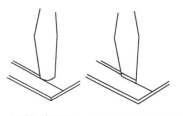

(a) 用圆板刃錾錾痕易齐整　(b) 用平刃錾錾痕易错位

图 3-38　錾切板料方法

錾切时应由前向后拍錾，錾子斜放，似剪切状，然后逐步放垂直，依次錾切（图 3-39）。

③ 用密集钻孔配合錾子錾切　当工件轮廓线较复杂时，为了减少工件变形，一般先按轮廓线钻出密集的排孔，然后再用扁錾、狭錾逐步錾切（图 3-40）。

2）錾削平面的方法

① 起錾与终錾　起錾应先从

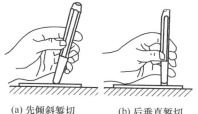

(a) 先倾斜錾切　(b) 后垂直錾切

图 3-39　錾切步骤

工件的边缘尖角处，将錾子向下倾斜［图 3-41（a）］，轻轻敲打錾子，同时慢慢把錾子移向中间，然后按正常錾削角度进行錾削。若

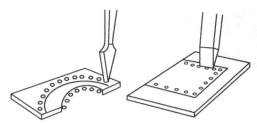

图 3-40　用密集钻孔配合錾子錾切

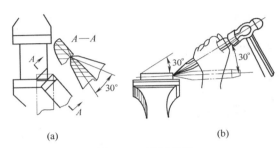

(a)　　　　　　　　　　　　　(b)

图 3-41　起錾方法

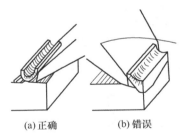

(a)正确　　　(b)错误

图 3-42　錾到尽头时的方法

必须采用正面起錾的方法，此时錾子刃口要顶住工件的端面，錾子头部仍向下倾斜 [图 3-41 (b)]，轻轻敲打錾子，待錾出一个小斜面，再按正常角度进行錾削。

终錾即当錾削快到尽头时，应防止工件边缘材料的崩裂，尤其是錾铸铁、青铜等脆性材料时要特别注意，当錾削接近尽头约 10～15mm 时，必须调头再錾去余下的部分 [图 3-42 (a) 和 (b)]。

② 錾削平面　錾削平面采用扁錾，每次錾削材料厚度一般为 0.5～2mm。在錾削较宽的平面时，当工件被切削面的宽度超过錾子切削刃的宽度时，一般要先用狭錾以适当的间隔开出工艺直槽（图 3-43），然后再用扁錾将槽间的凸起部分錾平。

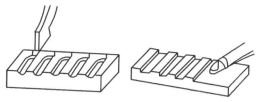

图 3-43　錾削较大平面

在錾削较窄的平面时（如槽面凸起部分），錾子的切削刃最好与切削前进方向倾斜一个角度（图 3-44），使切削刃与工件有较多的接触面，使錾子掌握平稳。

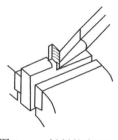

图 3-44　錾削较窄平面

錾削油槽（图 3-45）时，应根据图样上油槽的断面形状、尺寸进行刃磨，同时在工件须錾削油槽部位划线。起錾时錾子要慢慢地加深尺寸要求，錾到尽头时刃口必须要慢慢翘起，保证槽底圆滑过渡。如果在曲面上錾油槽，錾子倾斜情况应随着曲面而变动，使錾削时后角保持不变，保证錾削顺利进行。

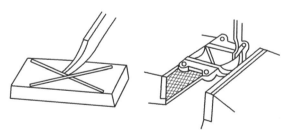

图 3-45　錾削油槽

（3）錾削注意事项

① 起錾位置要准确，起錾时，检查工件是否松动。

② 调整好后角并保持錾削角度不变，同时注意锤击节奏，用力均匀。

③ 快到尽头时要及时掉转方向，再錾削。

3.2.2 锯削

用手锯把原料和零件割开，或在其上锯出沟槽的操作叫做锯削。

（1）锯削基本方法

① 锯条的安装　安装锯条时，要求锯条的齿尖必须朝向前推方向，以便锯条向前推时起到切削作用。同时，安装的松紧程度应适当。

② 工件安装　工件一般夹持在台虎钳的左侧，锯割线与钳口端面应平行，工件伸出部分应尽量贴近钳口。

③ 手锯的握法　常见的握法有右手（后手）握锯柄，左手（前手）轻扶锯弓前端，如图3-46所示。

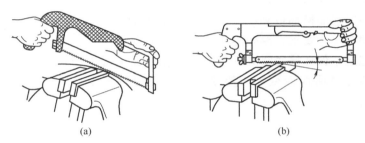

(a) (b)

图3-46　手锯的握法

④ 起锯　起锯时，用左手拇指靠住锯条，起锯角略小于15°。起锯角度过大，锯齿易崩碎；起锯角度太小，锯齿不易切入。起锯操作时，行程要短，压力要小，速度要慢，起锯角度要正确。

⑤ 锯削　锯削时，推力和压力主要由右手控制，左手主要是配合右手扶正锯弓，压力不应过大。推锯时为切削行程，应施加压力；向后回拉时不切削，不应施加压力。锯削速度一般控制为40～50次/min左右为宜。在整个锯削过程中，应充分利用锯条的有效长度。

（2）锯削操作技巧

1）锯削下料

① 锯削管材　锯削管材时，首先要做好管材的正确夹持。对于薄壁管材和精加工后的管件，应夹在有 V 形槽的木垫之间，防止管材夹扁和夹坏管材表面，如图 3-47（a）所示。

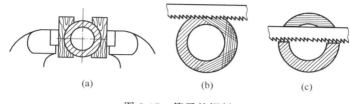

图 3-47　管子的锯削

锯削时不要在一个方向上从起锯开始直到锯断，因为这样锯齿容易被管壁钩住而崩断，尤其是薄壁管材更容易发生这种现象。正确的方法是每个方向只锯到管子的内壁处，然后将管子转过一定的角度，再锯到管子的内壁处，如果逐渐转动管子，改变角度，直到锯断为止，如图 3-47（b）、（c）所示。薄壁管子转动时，使已锯的部分向锯条推进方向转动（切削方向）。

锯棒料时不必转动棒料，夹持后，从起锯开始直到锯完为止。

② 锯削型材　锯削槽钢应从三面来锯，而锯削角钢需锯两面，零件必须不断地改变夹持方向，如图 3-48 所示。

③ 锯削扁钢　为了得到整齐的锯口，锯削扁钢时应从扁钢较宽的面下锯，这样锯缝较浅，锯条不易被卡住。因锯削

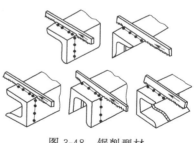

图 3-48　锯削型材

比较大，所以选用适当的切削液，以加快锯削速度，如图 3-49 所示。

④ 锯削薄板料　如图 3-50 所示，锯削前将薄板料两侧用木板夹住，夹在台虎钳上，然后再锯削，锯削时不宜用力过大，应均匀用力。

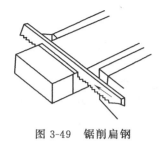

图 3-49 锯削扁钢

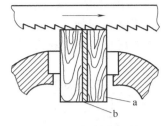

图 3-50 锯削薄板料

a—木夹件；b—薄板料

2）锯削加工

① 去除多余的材料　如图 3-51 所示，将图 3-51（a）所示的长方钢端部加工成如图 3-51（b）所示的形状，经过锯削加工即可完成。

a. 按工件图样对长方钢的端部划线，如图 3-51（a）所示。

b. 将长方钢的端部向上夹持在台虎钳上，按所划的线从上往下锯削到尺寸线。

c. 将长方钢的端部向下，按图样要求的角度夹在台虎钳右侧，先横定锯口，再从上往下锯削到尺寸线。两锯口相交后，多余材料锯下，如 3-51（b）、（c）所示。

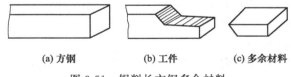

(a) 方钢　　　　(b) 工件　　　　(c) 多余材料

图 3-51 锯削长方钢多余材料

② 锯削开槽　图 3-52（a）是在螺钉头端开槽，如槽要求得较宽，可在锯架上同时上两根锯条进行开槽加工。图 3-52（b）是在长方钢上开槽，可先划线钻孔，然后按线锯削，将多余料去掉。

③ 锯削深缝　锯削深缝时，应将锯条在锯架上转动 90°，操作时使锯架放平，手握锯架进行推锯，用力应平稳，但锯削宽度不能超过锯条到锯架的距离，如图 3-53 所示。

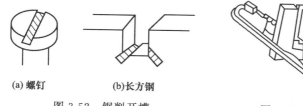

(a) 螺钉　　　　(b)长方钢

图 3-52　锯削开槽　　　　　　图 3-53　锯削深缝

3）锯割曲线　在特殊情况下，一般的曲线可以通过锯割获得，如图 3-54 所示（一般指薄板料）。锯割加工之前，应将锯条磨窄一些，使锯条在锯缝中增大原有的摆动量（和木工线锯同一道理）。如曲线超过一定的限度就无法完成曲线锯割。

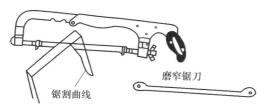

磨窄锯刀

锯割曲线

图 3-54　锯割曲线

操作时，应用手劲控制锯道，用力要均匀，不可过大，否则会因锯条强度过低而折断。

在角钢或者槽钢需要弯制成一定角度时，往往利用锯削来进行。如果是角钢在划完线后可采用锯削，在角钢的一个边上将多余的料锯下；如果是槽钢，则需用相同的方法在两侧进行锯削加工，如图 3-55 所示。

图 3-55　开角度坡口槽

（3）锯削时注意事项

① 起锯时压力要适中且均匀，速度不要太快，起锯角应合适。

② 碰到杂质时应减速，锯断时压力和速度应减小。

③ 新装锯条在旧锯缝中被卡时应改换方向或减速锯割。

3.2.3 锉削

（1）锉削基本方法

① 工件安装　工件必须牢固地装夹在台虎钳钳口的中间，并略高于钳口，夹持已加工表面时，应在钳口与工作间垫以铜片或铝片。

② 锉刀握法　锉削时，一般右手握锉柄，左手握住（或压住）锉刀，如图 3-56 所示。

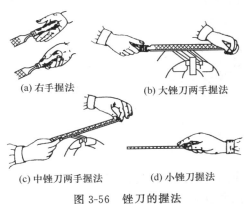

(a) 右手握法　　　(b) 大锉刀两手握法

(c) 中锉刀两手握法　　　(d) 小锉刀握法

图 3-56　锉刀的握法

③ 锉削姿势及施力　锉削站立姿势，如图 3-57 所示，两手握住锉刀放在工件上，右小臂同锉刀呈一直线，并与锉削面平行；左小臂与锉面基本保持平行。

锉削时，两手施力变化如图 3-58 所示。锉刀前推时加压并保持水平，返回时不加压力，以减少齿面磨损。

（2）锉削操作技巧

① 锉削平面　常用的锉削平面方

身体向前倾

右腿伸直　　左膝弯曲

图 3-57　锉削姿势

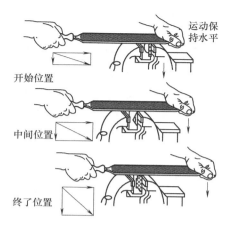

运动保持水平

开始位置

中间位置

终了位置

图 3-58　锉平面时的施力图

法有顺锉法、交叉锉法、推锉法三种。

　　顺锉法是最基本的锉法，适用于较小平面的锉削，如图 3-59 （a）所示。顺锉可得到正直的锉纹，使锉削的平面较为整齐美观，其中图 3-59（a）中的左图多用于粗锉，右图只用于修光。

　　交叉锉法适用于粗锉较大的平面，如图 3-59（b）所示。由于锉刀与工件接触面增大，锉刀易掌握平衡，因此交叉锉易锉出比较平整的平面。交叉锉之后要转用如图 3-59（a）右图所示的顺锉法或图 3-59（c）所示的推锉法进行修光。

　　推锉法仅用于修光，尤其适宜窄长平面或用顺锉法受阻的情

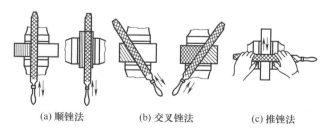

(a) 顺锉法　　　　(b) 交叉锉法　　　　(c) 推锉法

图 3-59　锉削平面的方法

况，如图 3-59（c）所示。两手横握锉刀，沿工件表面平稳地推拉锉刀，可得到平整光洁的表面。

② 锉削弧面及倒角　常用的锉削弧面及倒角方法有滚锉法。

滚锉法用于锉削内、外圆弧面和内、外倒角。锉削外圆弧面时，锉刀除向前运动外，还要沿工件被加工圆弧面摆动，如图 3-60（a）所示；锉削内圆弧面时，锉刀除向前运动外，锉刀本身还要做一定的旋转运动和向左移动，如图 3-60（b）所示。

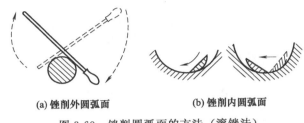

(a) 锉削外圆弧面　　　　　(b) 锉削内圆弧面

图 3-60　锉削圆弧面的方法（滚锉法）

（3）锉削注意事项

① 锉削操作时，锉刀必须装柄使用，以免刺伤手。

② 虎口钳淬火处理时，不要锉到钳口上，以免磨钝刀和损坏钳口。

③ 锉削过程中，不要用手抚摸工件表面，以免工件黏上汗渍和油脂，再次锉削时打滑。

④ 下来的屑末不要用嘴吹，应用毛刷清除，以免进入人眼。

3.2.4　攻螺纹与套螺纹

（1）攻螺纹

用丝锥加工内螺纹的操作叫做攻螺纹。

1）攻螺纹基本方法　现以手工攻螺纹为例介绍其基本方法及步骤，如图 3-61 所示。

① 确定螺纹底孔直径和螺纹孔的中心，并在孔的中心打出样冲眼，选用合适钻头钻螺纹底孔，如图 3-61（a）所示。

② 在孔口两端倒角，以便丝锥切入，防止孔口产生毛边或螺

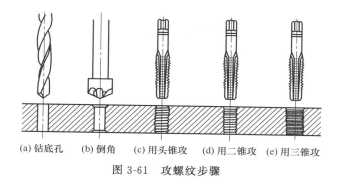

(a) 钻底孔　(b) 倒角　(c) 用头锥攻　(d) 用二锥攻　(e) 用三锥攻

图 3-61　攻螺纹步骤

纹牙崩裂，如图 3-61（b）所示。

③ 根据丝锥大小选择合适的铰杠。工件装夹在台虎钳上，应保证螺纹孔的轴线与台虎钳的钳口垂直。

④ 用头锥攻螺纹时，将丝锥头部垂直放入孔内，然后用铰杠轻压旋入，如图 3-62（a）所示。待切入工件 1～2r 后，再用目测或直尺检查丝锥是否垂直，如图 3-62（b）所示。继续转动，直至切削部分全部切入后，就用两手平稳地转动铰杠，这时可不加压力而旋到底。为了避免切屑过长而缠住丝锥，每转动 1～2r 后应轻轻倒转 1/4r，以便断屑和排屑。

⑤ 用二锥攻螺纹时，先用手指将丝锥旋进螺纹孔，然后再用铰杠转动，旋转铰杠时不需加压。

2）攻螺纹操作技巧

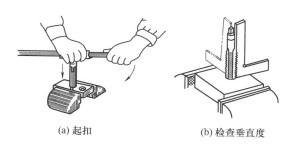

(a) 起扣　　　　　　(b) 检查垂直度

图 3-62　起扣方法

① 工件上底孔的孔口要倒角，通孔螺纹应用两面倒角，使丝锥容易切入和防止孔口的螺纹牙崩裂。

② 开始攻削螺纹时，在铰杠手柄上应施加均匀压力，帮助丝锥切入工件，保持丝锥与孔端面垂直，当切入 1～2r 后，应通过目测，校正丝锥的垂直度，也可采用直角尺和有直边的物件检查垂直情况，如用导向套和螺距相同的精制螺母等进行校正。如图 3-63 所示，以保证丝锥切入 3～4r 后与端面垂直。

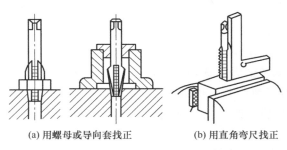

(a) 用螺母或导向套找正　　　(b) 用直角弯尺找正

图 3-63　丝锥垂直度的校正方法

③ 当切削刃全部攻入工件后，两手均匀将螺纹攻出，铰杠每转动 1/2～1r，应倒转 1/3r，使切屑碎断后容易排除。在攻 M5 以下螺纹或塑性较大的材料与深孔时，铰杠每转动不到 1/2r 就要倒转。

④ 攻盲孔螺纹时，要经常退出清屑，尤其是快要攻到底部时更应注意，以免将丝锥折断。

⑤ 攻削过程中要经常对丝锥攻削部位添加切削液，以减小切削阻力，改善螺纹粗糙度。

⑥ 机动攻螺纹如图 3-64 所示，操作技巧如下：

a. 根据工件的材料、所攻螺纹的深度和丝锥的大小等情况，选

切削液

图 3-64　机动攻螺纹

择合适的攻螺纹安全夹头。

b. 选择合适的切削速度。一般情况下，丝锥直径小的速度可高一些；丝锥直径越大，速度应越低。螺距大的也应选择低速。可参考以下数值确定转速：一般材料 6～15m/min，调质钢或较硬钢5～15m/min，不锈钢 2～7m/min，铸铁 8～10m/min。

c. 当丝锥即将切入螺纹底孔时，进刀要慢，以免把丝锥牙撞坏；开始攻削时，应手动操纵进刀手柄，施加均匀压力，帮助丝锥切入工件；当切削部分全部切入后，应停止施加压力，靠丝锥自行切入，以免将牙形切废。

d. 攻通孔螺纹时，丝锥的校准部分不能全部出头，否则退出丝锥时会产生乱牙现象。

e. 当丝锥切入工件以后，应经常不断地添加切削液，并经常倒转或退出丝锥排屑。

f. M16 以上的螺纹应考虑采用机动的方式攻螺纹，一是减轻手工劳动，二是攻出的螺纹与孔平面垂直度好，质量效率也好。

3）攻螺纹的注意事项

① 根据工件上螺纹孔的规格，正确选择丝锥，先头锥后二锥，不可颠倒使用。

② 工件装夹时，要使孔中心垂直于钳口，防止螺纹攻歪。

③ 用头锥攻螺纹时，先旋入 1～2r 后，要检查丝锥是否与孔端面垂直。当切削部分已切入工件后，每转 1～2r 应反转 1/4r，以便切屑断落，同时不能再施加压力（即只转动不加压），以免丝锥崩牙或攻出的螺纹齿较瘦。

④ 攻钢件上的内螺纹，要加机油润滑，使螺纹光洁、省力和延长丝锥使用寿命；攻铸铁上的内螺纹可不加润滑剂；攻铝及铝合金、紫铜上的内螺纹，可加乳化液。

⑤ 不要用嘴直接吹切屑，以防切屑飞入眼内。

（2）套螺纹

用板牙或螺纹切头加工外螺纹的操作叫做套螺纹。

1）套螺纹基本方法

① 确定圆杆直径，并在圆杆端部倒角，使板牙对准工件的中心并易切入，如图 3-65 所示。

② 工件装夹：用 V 形块衬垫或厚软金属衬垫将圆杆牢固地装夹在台虎钳上。圆杆轴线应与钳口垂直，同时，圆杆套螺纹部分不要离钳口过长。

③ 将装有板牙架的板牙套在圆杆上，应始终保证板牙端面与圆杆轴线垂直。

④ 套螺纹：开始转动板牙架要稍加压力，当板牙已切入圆杆后，不再加压，只需均匀旋转。为了断屑，应常反转，如图 3-66 所示。

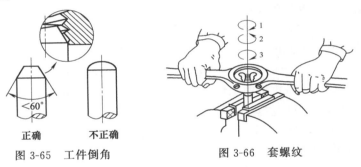

图 3-65　工件倒角　　　　　图 3-66　套螺纹

2) 套螺纹操作技巧

① 为了便于板牙切削部分切入工件并正确地引导，在工作圆杆端部应有 15°~20°的倒角。

② 板牙端面与圆杆轴线应保持垂直。为了防止圆杆夹持偏斜和夹出痕迹，圆杆应装夹在用硬木制成的 V 形钳口或软金属制成的衬垫中。

③ 在开始套螺纹时，用一只手掌按住圆板牙中心，沿圆杆轴线施加压力，并转动板牙铰杠，另一只手配合顺向切进，转动要慢，压力要大。

④ 当圆板牙切入圆杆 1~2r 时，应目测检查和校正圆板牙的位置。当圆板牙切入圆杆 3~4r 时，应停止施加压力，让板牙依靠

螺纹自然引进。

⑤ 在套螺纹过程中也应经常倒转 1/4～1/2r，以防切屑过长。

⑥ 套螺纹应适当添加切削液，以降低切削阻力，提高螺纹质量和延长板牙寿命。

3）套螺纹的注意事项

① 每次套螺纹前要将板牙排屑槽内以及螺纹内的切屑清除干净。

② 套螺纹前要检查圆杆直径大小和端部倒角。

③ 套螺纹时切削转矩很大，易损坏圆杆的已加工面，所以应使用硬木制的 V 形槽衬垫或用厚铜板作保护片来夹持工件。工件伸出钳口的长度，在不影响螺纹要求长度的前提下，应尽量短。

④ 套螺纹时，板牙端面应与圆杆垂直，操作时用力要均匀。开始转动板牙时，应稍加压力，套入 3～4 牙后，可只转动而不加压，并经常反转，以便断屑。

⑤ 钢制圆杆上套螺纹时应加机油润滑。

3.2.5 钻孔与扩孔

（1）钻孔

用钻头在实体材料上加工出孔的操作称为钻孔。

1）钻孔基本方法

① 先把已划完线的孔中心冲眼，扩大孔眼时应注意保持冲眼与原冲眼中心一致，这样钻头容易定位又不偏离中心，然后用钻头钻一浅坑，检查钻出的浅坑与所划的圆加工线（证明线）位置是否一致，若不一致应及时纠正后再将孔钻出。纠正偏差的方法有两种。

a. 在浅坑中修正冲眼偏移量，重新打冲眼，用小钻头钻一段深度后再按小孔位置钻孔。

b. 钻头较大时，在浅坑偏移方向上用样冲或凿子凿几道沟，如图 3-67 所示。这样再钻就可以纠正。当钻出的孔坑与所划的证明线圆一致时，将工件压紧正式钻孔。

② 钻通孔时，当孔要钻透前，采用手动进给的应减少压力；采用自动进给的最好变为手动进给或减小走刀量，以防止钻头刚钻穿工件时轴向力突然减少使钻头以很大的进给量自动切入，造成钻头折断或钻孔质量降低等现象。

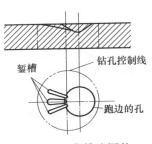

图 3-67　凿槽法调整孔的偏移

③ 钻盲孔时，应调整好钻床上深度标尺挡块或实际测量钻出孔的深度，以控制钻孔深度的准确性。

④ 钻 1mm 以下的小直径孔时，由于钻头过细，强度较弱和螺旋槽较窄，不易排屑，钻头容易折断。钻孔时要注意：开始钻进时进给力要轻，防止钻头弯曲和滑移；钻削过程中要及时排屑，添加切削液；进给力应小而平稳；在没有微动进给的钻床上钻微孔时，应设微调装置；在钻小孔时，要选择精度较高的钻床并应选择较高的速度进行钻孔。

⑤ 钻深孔时，一般钻到钻头直径 3 倍深度左右时，需要钻头提出工件外以排屑，以后每钻进一定深度，钻头均应提出排屑，以免钻头因切削阻塞而折断。

对于深度超过钻头长度或更深的孔，可采用直杆或锥杆长钻头及加长杆钻头钻孔。因长钻头及加长杆钻头，一般工厂都不备用，加长杆钻头需特殊定制，所以工厂都采用自制的方法。自制钻头如图 3-68 所示。自制的长钻头在钻头与接杆连接处强度要足够，外圆要修光滑，接口部位尺寸不得超过钻头尺寸。

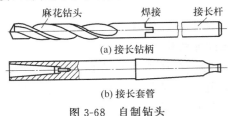

(a) 接长钻柄

(b) 接长套管

图 3-68　自制钻头

⑥ 钻直径 30mm 以上的孔要分两次或三次钻削，先用较小直径钻头钻出中心孔，深度应大于钻头（如果钻头效果好），再用 5～7 倍的钻头钻孔，最后用所需孔径的钻头将孔钻出（一般钻直径 60～100mm 的孔需三次钻成）。这样可以减小轴向压力，保护机床，同时也可以提高钻孔质量。

2）钻孔操作技巧

① 圆柱形工件上钻孔：在轴类或套类等圆柱形工件上钻出与轴心垂直并通过中心的孔，如图 3-69 所示。

当钻孔中心与工件中心线的对称精度要求较高时，定做一个定心工具，如图 3-70 所示。钻孔前先找正钻床主轴中心与放置工件的 V 形铁的中心位置，使它们保持在一个轴线上，方法为：将定心工具夹紧在钻卡上（或装入钻套内），使其锥度部分与 V 形铁找正，试钻一个浅坑，看中心是否准确。

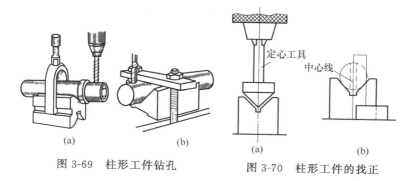

图 3-69　柱形工件钻孔　　　　图 3-70　柱形工件的找正

当对称度要求不高时，可利用钻头的顶尖找正 V 形铁的中心位置，然后用角尺找正工件端面的中心线，并使钻头尖对准中心进行试钻和钻孔，如图 3-70（b）所示。

② 斜面上钻孔

a. 当斜面的角度不大时，可适当将工件样冲眼打大些，用小钻头钻一定深度的孔。

b. 钻孔前，先用铣刀在斜面上铣出一个平面或用凿子在斜面上凿出一个小平面，然后再划线钻孔，如图 3-71 所示。

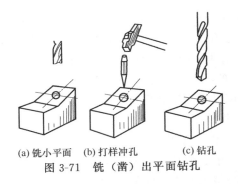

(a) 铣小平面　(b) 打样冲孔　　　(c) 钻孔

图 3-71　铣（凿）出平面钻孔

　　c. 可用圆弧刃多能钻直接在斜面上将孔钻到一定深度，再换钻头将孔钻出。圆弧刃多能钻一般自行磨制，如图 3-72 所示。这种钻头类似棒铣刀，圆弧刃上各点均成相同后角 6°～12°，横刃经过修磨，钻头的长度要短，以增强刚度。一般用短钻头磨制，钻孔时虽然单面受力，由于刃成弧形钻头，所受的径向力要小些，改善了偏切受力条件，钻孔选择性低转速手动进给。

　　d. 钻斜孔时，一般要将工件用垫铁垫起一定的角度或使用能调角度的工作台调整工件，使要钻的孔成垂直状态。

　　e. 批量大的工件，有条件的话可设计专门钻斜孔的定位钻模（或其他定位模具）来进行钻孔。

　　③ 缺圆孔（半圆孔）钻孔：工件上的半圆孔钻削时，可将工件与相同材料的物体并在一起夹在平口钳上，也可以用工装将它们夹紧一起或采用点焊方法焊接一起，找出中心孔后钻孔，分开后就是要钻的半圆孔，如图 3-73 所示。

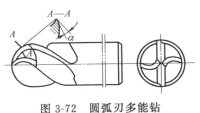

图 3-72　圆弧刃多能钻

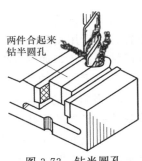

两件合起来
钻半圆孔

图 3-73　钻半圆孔

钻缺圆孔是将与工件相同的材料嵌入工件内，与工件合在一起钻孔，然后将填充材料取出来即可，如图 3-74 所示。

在钻缺圆孔时，也可采用半孔钻钻出。大于半径的孔根据钻头直径的大小，60°尖顶部要有足够的钻孔角度，两刃要平直对称，如图 3-75 所示。钻小于或等于半径的孔，钻头要磨成如图 3-76 所示形状，切削刃要对称平直，转速要低，进给量要小。

图 3-74　钻缺圆孔

图 3-75　钻大半圆孔钻头

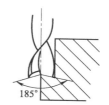

图 3-76　钻小于或等于半径的孔钻头

④ 钻骑缝孔：在连接件上钻"骑缝"孔，例如轮圈与轮毂、轴承套与座等连接部位缝隙处装"骑缝"螺钉或销钉。此时尽量用短的钻头，钻头伸出钻夹外的长度要尽量短，钻头的横刃也要尽量磨窄，以增加钻头刚度，加强定心作用，减少偏斜现象。如两配合件的材料不相同，则钻孔的样冲眼应打在略偏于硬材料一边。以防止钻孔偏向软材料一边。钻孔方法如图 3-77 所示。

⑤ 模具钻孔：在批量生产和小批量生产中，可制作专用钻模进行钻孔，如图 3-78 所示。这样既可省去划线工作，又大大地提高了孔的尺寸精度和位置精度，使工件具备了可靠的互换性能，提高了产品质量和生产效率。由于工件大小不同、结构不同，钻孔模要根据工件的具体结构设计制造。

3）钻孔注意事项

① 工件装夹紧固，钻头应夹正，工件与钻头垂直，钻床主轴与台面垂直。

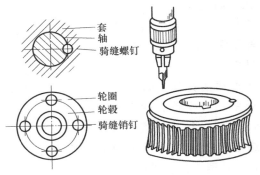

图 3-77　钻骑缝孔

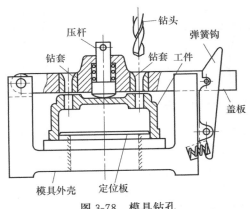

图 3-78　模具钻孔

② 钻孔时应及时加切削液，切削速度要合理，不能使工件温度过高。

③ 钻头应经常退出，使切屑排出。

（2）扩孔

扩孔钻对工件上已有的孔进行扩大加工称作扩孔。扩孔的质量比钻孔高，常作为孔的半精加工，它常用作铰孔前的预加工。

1）扩孔基本方法　扩孔切削与钻孔切削类似，但扩孔切削速度为钻孔切削速度的 1/2。

2）扩孔操作技巧

① 锥柄扩孔钻：又称锥柄三刃扩孔钻，分有两个精度等级。用于铰孔前扩孔的为 1 号精度，用于 H11 级精度孔的最后加工的为 2 号精度，其规格为 10～32mm，为整数尺寸。

② 套式扩孔钻：用于较大孔的扩孔，常用的规格有 25mm、26mm、28mm、30mm、32mm、34mm、35mm、36mm、38mm、40mm、42mm、44mm、45mm、46mm、48mm。1 号精度为铰前扩孔，2 号精度用于 H11 精度孔的最后加工。套式扩孔钻使用时应自行按铰刀孔尺寸配置

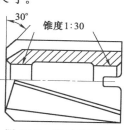

图 3-79 套式扩孔钻

刀杆，如图 3-79 为套式扩孔钻。使用扩孔钻扩孔，钻孔时应留扩孔余量。

3.2.6 铰孔

用铰刀对孔进行微量切削，以提高孔的尺寸精度和表面质量的操作称作铰孔。

（1）铰孔基本方法

以手铰圆柱孔为例介绍铰孔基本方法及步骤。

手铰圆柱孔的步骤如图 3-80 所示。

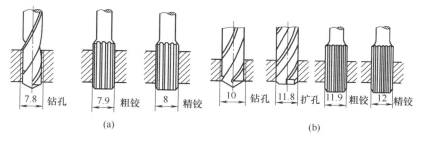

图 3-80　手铰圆柱孔的步骤

铰孔前，要合理选择加工余量，一般粗铰时余量为 0.15～

0.25mm，精铰时为 0.05～0.15mm。要用百分尺检查铰刀直径是否合适。

铰孔时，铰刀应垂直放入孔中，然后用手转动铰杠并轻压，转动铰刀的速度要均匀。铰削时，铰刀不能反转，以免崩刃和损坏已加工表面；使用切削液，以提高孔的加工质量。

（2）铰孔操作技巧

1）手工铰孔　手工铰削主要用在较小的孔，机器部件、零件装配后机床不能加工部位的孔或各种考核工件上精度要求高的孔。在生产中要尽量采用机械铰孔的方法。手工铰孔操作技巧如下：

① 对于较小的工件，一般在台虎钳上进行铰孔，此时，工件夹持要正确，对薄形工件的夹紧力不要太大，以免将孔夹变形。

② 铰刀在铰杠上装夹后，将铰刀插入孔内，用直角弯尺校正，使铰刀与孔的端面垂直，两手持铰杠柄部，稍加均衡压力，按顺时针方向扳动铰杠对孔进行铰削。

③ 铰孔中严禁倒转，如在铰削中旋转困难时，仍按顺时针方向边转边用力向上提起，查明原因，处理故障后再次进行铰削。

④ 铰削时，切屑碎末容易黏在刀刃上（尤其是对铜材料的铰削），要经常提起铰刀并清除掉碎末。

⑤ 要经常变换铰刀的停歇位置，避免产生凹痕。

⑥ 铰削锥孔时，底孔的留量要合适，留量大了会增加切削量（因铰刀刃与锥孔的深度几乎是全接触），加大铰削的难度。

2）机动铰孔　在铰削圆柱孔时，切削速度和进刀量的选择要适当。铰削时转速不能太高，否则铰刀容易磨损和产生积屑瘤而影响加工质量；进给量不能太小，因为切屑厚度太小是以很大的压力推挤被切削的材料，这样被碾过的材料会产生塑性变形和表面硬化，这种被推挤而形成的凸峰，当后部刀刃切入时，会撕去大片切屑，破坏表面粗糙度，同时也加快铰刀的磨损。

普通高速钢铰刀切削铸铁时，切削速度不应超过 10m/min，进给量在 0.8m/r 左右；切削钢料时，切削速度不应超过 8m/min，进给量在 0.4m/r 左右。

当铰削圆锥孔时，进给量一般应采用手动控制。因为锥铰刀的切削刃由于锥度关系，与锥孔壁是全接触，随着铰孔深度的增加，铰刀切削刃与孔壁的接触长度也增加，这样切削力逐渐增大，如不加以控制会损坏锥铰刀，所以要手动控制。圆柱孔、锥孔的铰削方法如下：

① 机铰时钻床主轴、铰刀和工件孔三者的同轴度要调整重合。

② 对较小的工件进行铰孔时，工件应装夹牢靠。

③ 开始时应采用手动进给，当铰刀切削部分进入孔内后，即可改用机动进给。

④ 切削过程中要保证足够的切削液，并经常将铰刀提出，以清除黏附在铰刀刃和孔壁上的切屑。

⑤ 铰通孔时，铰刀不应全部铰出，以免将孔的出口处刮坏，同时要在铰刀退出后再停车，否则孔壁有刀痕，孔也容易拉毛。

⑥ 铰削数量较多的锥孔时，可将钻头改制成与铰刀相同的锥度，在钻完底孔后作为粗铰孔用，然后再用锥铰刀进行铰孔，这样可以减少铰刀的切削量。在铰孔径大而深的锥孔时，可将锥孔底孔分段钻成阶梯形，然后再用锥铰刀进行铰孔，这样可以大大减少铰刀的切削量。阶梯形各段孔的直径可用以下公式计算：

$$d_m = k \times \Upsilon + d_0$$

式中　k——锥孔的锥度；

　　　Υ——分段长度，mm；

　　d_m——所求的底孔直径，mm；

　　d_0——锥孔各段小端底孔直径，mm。

（3）铰孔注意事项

① 工件装夹位置应正确，对薄壁工件的夹紧力不要过大，以免将孔夹扁。

② 铰削时应加入足够切削液，以清除切屑和降低切削温度。

③ 注意变换铰刀每次停歇的位置，以消除铰刀在同一处停歇造成振痕。

3.2.7　刮削与研磨

（1）刮削

利用刮刀在已加工的工件表面刮去一层很薄的金属的操作称为刮削。

1）刮削基本方法

① 手推式：如图 3-81 所示，右手握刀柄，左手握刀杆，距刀刃约 50～70mm 处，刮刀与被刮削表面成 25°～30°的角。同时，左脚前跨一步，上身向前倾，刮削时，右臂利用上身摆动向前推，左手向下压，并引导刮刀运动方向，在下压推挤的瞬间迅速抬起刮刀。

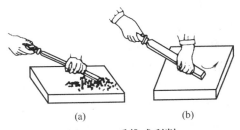

(a)　　　　　　　　　(b)

图 3-81　手推式刮削

② 挺刮式：如图 3-82 所示，将刮刀柄（圆柄处）顶在小腹下侧，双手握刀杆，距刃口约 70～80mm 处，左手在前，右手在后，刮削时，左手下压，落刀要轻，利用腿和臂部力量使刮刀向前推挤，双手引导刮刀前进，在推挤后的瞬间，用双手将刮刀提起。

图 3-82　挺刮式刮削

2）刮削操作技巧

① 平面的刮削

a. 粗刮。经机械加工的工件，可先用粗刮刀普通刮一遍。在整个刮削面采用连续推铲的方法，使刮出的刀迹连成长片。粗刮时，有时会出现平面四周高、中间低的现象，故四周必须多刮几次，而

且每刮一遍应转过 $30°\sim45°$ 的角度交叉刮削，直至每 25mm×25mm 内含 4～6 个研点为止。

b. 细刮。细刮的目的是刮去工件表面的大块显点，进一步提高表面质量。细刮刀宽为 15mm 为宜。刮削时，刀迹长度不应超过刀刃的宽度，每刮一遍应变换一个方向，以形成 $45°\sim60°$ 网纹。整个细刮过程中随着研点的增多，刀迹应逐渐缩短，直至每 25mm×25mm 内含 25 个研点为止。

c. 精刮。精刮是在细刮的基础上进行。精刮时，应充分利用精刮刀刀头较窄、圆弧较小的特点。刀迹长度一般为 5mm 左右，落刀要轻，起刀后迅速挑起，每个研点上只能刮一刀，不能重复，并始终交叉进行，当研点数增至每 25mm×25mm 内有 20 个研点时，应按以下三个步骤刮削，直至达到规定的研点数。

• 最大最亮的研点全部刮去。

• 中等稍浅的研点只将其中较高处刮去。

• 小而浅的研点不刮。

d. 刮花。刮花的目的是增加工件刮削面的美观以及在滑动件之间起到良好的润滑作用。常见的花纹有斜纹花、月牙花（鱼鳞花）和半月花三种。

• 斜纹花（图 3-83）。刮削斜纹花时，精刮刀与工件边成 45° 角方向刮削，花纹大小视刮削面大小而定。刮削时应一个方向刮好再刮削另一个方向。

• 月牙花（图 3-84）。刮削月牙花时，先用刮刀的右边（或左边）与工件接触。再用左手把刮刀压平并向前推进，即左手在向下压的同时，还要把刮刀有规律地扭动一下，然后起刀，这样连续地推扭刮削。

• 半月花（图 3-85）。此法是刮刀与工件成 45° 角，先用刮刀的一边与工件接触，再用左手把刮刀压平向前推进。这时刮刀始终不离开工件，按一个方向不断向前推进，连续刮出一串月牙花，然后再按相反方向刮出另一串月牙花。

图 3-83　斜纹花　　　　图 3-84　月牙花　　　　图 3-85　半月花

② 平行面的刮削　刮削前，先确定一个平面为基准面，进行粗、细、精刮削后作为基准面，再进行刮削对应的平行面。刮削前用百分表测量该面对基准面的平行度误差（图 3-86），确定粗刮时各刮削部位的刮削量，并以标准平板为测量基准，结合显点法刮削，以保证平面度的要求。在保证平面度和初步达到平行度的情况下，进入细刮。细刮时除了用显点方法来确定刮削部位外，还应结合百分表进行平行度测量，这样再做刮削的修正。达到细刮要求后，进行精刮，直至每 25mm×25mm 的研点数和平行度都符合要求为止。

③ 垂直面的刮削　垂直面的刮削方法与平面的刮削相似。刮削前，先确定一个平面为基准面，进行粗、细、精刮削后作为基准面，然后对垂直面进行测量（图 3-87），再确定粗刮的刮削部位和刮削量，并结合显点刮削，以保证达到平面度的要求。细刮和精刮时，除按研点进行刮削外，还要不断地进行垂直度的测量，直到被刮面每 25mm×25mm 的研点数和垂直度都符合要求为止。

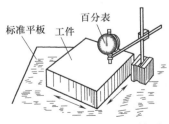

图 3-86　用百分表测量平行度

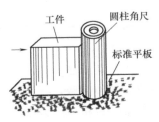

图 3-87　垂直度的测量方法

④ 曲面的刮削　曲面刮削一般是指内曲面刮削，其刮削原理与平面的刮削一样，但刮削方法及所用的工具不同。内曲面刮削常用三角刮刀或蛇头刮刀。刮削时，刮刀应在曲面内做后拉或前推的螺旋运动。

内曲面刮削一般以校准轴（又称工艺轴）或相配合的工作轴作为内曲面研点的校准工具。校准时将显示剂涂布在轴的圆周面上，使轴在内曲面上来回旋转显示出研点（图3-88），然后根据研点进行刮削。刮削时应注意以下几点：

a. 刮削时用力不可太大，否则容易发生抖动，表面产生振痕。

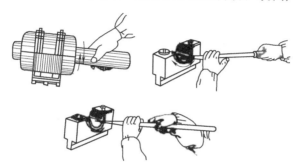

图 3-88　内曲面的研点和刮削

b. 研点时，配合轴应沿内曲面做来回旋转。精刮时，转动弧长应小于 25mm，切忌沿轴线方向做直线研点。

c. 每刮一遍之后，下一遍刮削应交叉刮削，可避免刮削面产生波纹，研点也不会成条状。

d. 在一般情况下由于孔的前、后端磨损快，因此刮削内孔时，前、后端的研点要多些，中间段的研点少些。

e. 曲面刮削的切削角度和用力方向（表3-3）。

3）刮削注意事项

① 刮削平稳接触工件表面，刀刃伸出工件的边缘不应超过刮刀宽的 1/4，刀口须光滑平整。

② 落刀要轻柔，用力不可过大，刮削必须交叉进行。

表 3-3　曲面刮刀的前角及用力方向

刮削类别	应用说明	
粗刮	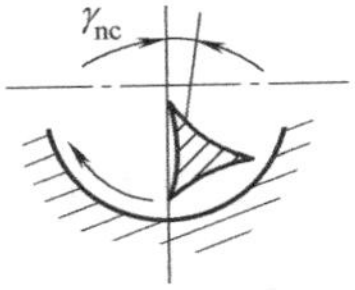	刮刀呈正前角,刮出的切屑较厚,故能获得较高的刮削效率
细刮	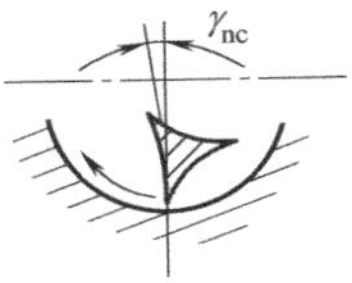	刮刀具有较小的负前角,刮出的切屑较薄,能很好地刮去研点,并能较快地把各处集中的研点改变成均匀分布的研点
精刮	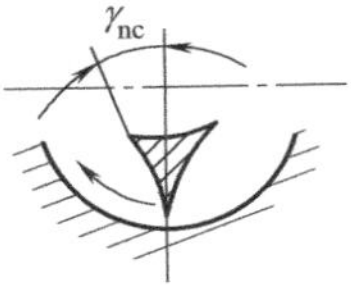	刮刀具有较大的负前角,刮出的切屑极薄,不会产生凹痕,故能获得较高的表面粗糙度

（2）研磨

研磨指用研磨工具及研磨剂从工件表面磨掉极薄一层金属的精密加工方法。

1) 研磨基本方法及操作技巧

① 研磨平面：研磨前，先将煤油涂在研磨平板的工件表面上，把平板擦洗干净，再涂上研磨剂。研磨时，用手将工件轻压在平板上，按"8"字形或螺旋形运动轨迹进行研磨，如图 3-89 所示。平板的每一个地方都应磨到，使平板磨耗均匀，保持平板精度。同时还要使工件不时地变换位置，以免研磨平面倾斜。

② 研磨圆柱面：外圆柱面研磨多在车床上进行。将工件装在车床的顶尖之间，涂上研磨剂，然后研磨环，如图 3-89 所示。研磨时用手握住研磨环做轴向往复直线运动，两种速度应配合适当，使工件表面研磨出交叉网纹。研磨一定时间后，应将工件调转180°再进行研磨，这样可以提高研磨精度，使研磨环磨耗均匀。

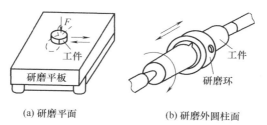

(a) 研磨平面   (b) 研磨外圆柱面

图 3-89　研磨

　　内圆柱面研磨与外圆柱面研磨相反，研磨时将研磨棒顶在车床两顶尖之间或夹在钻床的钻夹头内，工件套在研磨棒上，并用手握住，使研磨棒做旋转运动，工件做往复直线运动。

　　2）研磨的注意事项

　　① 选择正确的磨料和研磨剂，被挤压出的研磨剂应及时擦去再研磨。

　　② 研磨棒伸出的长度要适当，装夹要稳，夹紧力不可太大。

　　③ 研磨过程中工件温度不得超过 50℃，发热后应暂停研磨。

第 4 章 >>>

机械装配的工艺基础

4.1.1 机械装配的概念

机械装配就是按照技术要求实现机械零件或部件的连接，把机械零件或部件组合成机器。通常将机器分成若干个独立的装配单元。图 4-1 所示为机器装配工艺系统示意图，由图 4-1 知，装配单元通常可划分为五个等级，即零件、套件、组件、部件和机器。

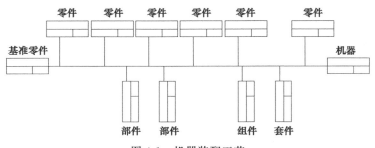

图 4-1 机器装配工艺
系统示意图

装配过程是由基准零件开始，沿水平线自左向右进行装配，一般将零件画在上方，把套件、组件、部件画在下方，其排列的顺序就是装配的顺序。图中的每一方框表示一个零件、套件、组件或部件。每个方框分为三个部分，上方为名称，下左方为编号，下右方为数量。有了装配系统图，对整个机器的结构和装配工艺就很清楚，因此装配系统图是一个很重要的装配工艺文件。

（1）零件

零件是组成机器的基本元件，零件直接装入机器的不多。一般都预先装成套件、组件或部件才进入总装。

（2）套件

在一个基准零件上，装上一个或若干个零件就构成了一个套件，它是最小的装配单元。每个套件只有一个基准零件，它的作用是连接相关零件和确定各零件的相对位置。为形成套件而进行的装配工作称为套装。

套件可以是若干个零件永久性的连接（焊接或铆接等）或是连接在一个基准零件上少数零件的组合。套件组合后，有的可能还需要加工。例如发动机连杆小头孔压入衬套后须再精镗孔。图 4-2 (a) 所示为套件的一个示例，其中蜗轮即属于基准零件。

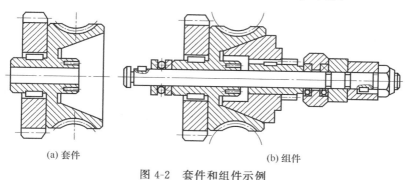

(a) 套件   (b) 组件

图 4-2 套件和组件示例

（3）组件

在一个基准零件上，装上一个或若干个套件和零件就构成一个组件。每个组件只有一个基准零件，它连接相关零件和套件，并确定它们的相对位置。为形成组件而进行的装配称为组装。

组件与套件的区别在于组件在以后的装配中可拆，而套件在以后的装配中一般不再拆开，可作为一个零件参加装配。图 4-2（b）为一个组件示例，其中蜗轮和齿轮合件是先前准备好的一个套件，阶梯轴为基准零件。图 4-3（a）所示为组件装配系统图。

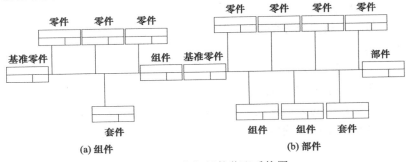

图 4-3　组件与部件装配系统图

（4）部件

在一个基准零件上，装上若干个组件、套件和零件就构成部件。同样，一个部件只能有一个基准零件，由它来连接各个组件、套件和零件，决定它们之间的相对位置。为形成部件而进行的装配工作称为部装，如图 4-3（b）所示。

（5）机器

在一个基准零件上，装上若干个部件、组件、套件和零件就成为机器或称为产品。一台机器只能有一个基准零件，其作用与上述相同。为形成机器而进行的装配工作，称为总装。

4.1.2　机械装配的分类

按照装配过程中装配对象是否移动，装配可分为固定式装配和移动式装配两类。对于比较复杂的产品，装配工作可分为部件装配和总装配两种。

（1）部件装配

将两个以上的零件，按照技术要求，用各种不同的方式连接起来，使其成为产品的一个独立部分，在总装配时被一起装入产品中。这个装配过程称为部件装配，部件装配是总装配的基础。部件装配的质量直接影响总装配的进行和产品的质量。

1）部件装配工艺过程

① 装配前准备　装配前按图纸要求检查零件的加工情况，对零件进行清洗，修整零件的毛刺、毛边；对零件进行适当的补充加工，如钻孔、铰孔、攻螺纹等。

② 零件的试配　对配合的零件进行试配，使其满足要求，如进行刮削、配键等工作。

③ 组件的装配　对组合件进行装配和检查。

④ 部件的装配和调整　按一定的顺序将所有的零件和组件相互连接起来，并进行定位和调整，使部件达到技术要求。

⑤ 部件试验　根据部件的用途进行工作试验。如对有密封性要求的部件进行气压或液压试验；对齿轮箱进行空转试验和负载试验；对有些转动部件进行平衡试验等，及时发现问题。只有完全合格的部件才能进入总装配。

2）部件装配的注意事项　部件装配时要注意的事项如下：相互配合的零件要做好标记；不须立即进行总装配的部件要做防锈、防尘保养；记录保存好部件试验得到的数据。

（2）总装配

将预先装配好的部件、组件和各种零件组合完成产品的装配过程称为总装配。

1）总装配的任务

① 连接　零件与组件、部件的连接；组件与部件、部件与部件的连接。

② 确定相对位置　连接过程中，部件与部件相对位置的校正；部件与基准面相对位置的调整与校正。

③ 固定　各部件间的装配位置确定后，进行总体性的连接与装配工作。

2）总装配步骤

① 认真研究图纸和技术文件，熟悉产品的结构形式和使用性

能，制定总装配的程序和方法。

② 确定并准备总装配需要的零件、组件和部件的种类与数量。

③ 检查零件与装配有关要素的形状精度和尺寸精度等是否合格。

④ 确定装配基准：所有零、部件的装配位置和几何精度都以此为基准，确定的基准应具有良好的基准面和稳定的基准要素。

⑤ 总装配的原则是：先内而外，先下而上，先难后易，先重大后轻小，先精密后一般，先集中某一方位后其他方位。

⑥ 检查有无剩余的零件。

⑦ 调校和试车：检查产品各连接的可靠性和运转的灵活性。

除了上述要求外，在总装配过程中，应能保证各环节的精度，对精密设备应注意生产环境，如湿度、稳定、防尘和气流、防振等；对新产品和使用条件要求较高的设备，在总装配后要按设计要求规定的技术条件进行空转试验、加载试验、刚度试验、效率试验和精度检验等。

4.1.3 机械装配的方法

产品的装配过程不是简单地将有关零件连接起来的过程，而是每一步装配工作都应满足预定的装配要求，达到一定的装配精度。通过分析尺寸链，可知由于封闭环公差等于组成环公差之和，装配精度取决于零件制造公差，但零件制造精度过高，生产不经济。为了正确处理装配精度与零件制造精度的关系，妥善处理生产的经济性与使用要求的矛盾，形成了一些不同的装配方法。

（1）完全互换装配法

在同类零件中，任取一个装配零件，不经修配即可装入部件中，并能达到规定的装配要求，这种装配方法称为完全互换装配法。完全互换装配法的特点是：

① 装配操作简便，生产效率高。

② 容易确定装配时间，便于组织流水装配线。

③ 零件磨损后，便于更换。

④ 零件加工精度要求高，制造费用也随之增加，因此适用于组成环数少、精度要求不高的场合或大批量生产。

（2）选择装配法

选择装配法有直接选配法和分组选配法两种。

① 直接选配法是由装配工人直接从一批零件中选择合适的零件来进行装配。这种方法比较简单，其装配质量凭工人的经验和感觉来确定，装配效率不高。

② 分组选配法是将一批零件逐一测量后，按实际尺寸的大小分成若干组，然后将尺寸大的包容件（如孔）与尺寸大的被包容件（如轴）相配，将尺寸小的包容件与尺寸小的被包容件相配。这种装配方法的配合精度决定于分组数，即分组数越多，装配精度越高。分组选配法的特点是：

a. 经分组选配后零件的配合精度高。

b. 因零件制造公差放大，所以加工成本降低。

c. 增加了对零件的测量分组工作量，并需要加强对零件的储存和运输管理，可能造成半成品和零件的积压。

分组选配法常用于大批量生产中装配精度要求很高、组成环数较少的场合。

（3）修配装配法

装配时修去指定零件上预留修配量以达到装配精度的装配方法。修配装配法的特点是：

① 通过修配得到装配精度，可降低零件制造精度。

② 装配周期长，生产效率低，对工人技术水平要求较高。

修配法适用于单件和小批量生产以及装配精度要求高的场合。

（4）调整装配法

装配时调整某一零件的位置或尺寸以达到装配精度的装配方法。一般采用斜面、锥面、螺纹等移动可调整件的位置；采用调换垫片、垫圈、套筒等控制调整件的尺寸。调整修配法的特点是：

① 零件可按经济性和精度要求确定加工公差，装配时通过调整达到装配精度。

② 使用中还可定期进行调整，以保证配合精度，便于维护与修理。

③ 生产效率低，对工人技术水平要求较高。除必须采用分组装配的精密配件外，调整法一般可用于各种装配场合。

4.1.4 机械装配的要点

装配工作要点是：

① 装配前零件要清理和清洗。

② 结合面在装配前一般都要加润滑剂，以保证润滑良好和装配时不产生零件表面拉毛现象。

③ 相配零件的配合尺寸要准确，对重要配合尺寸进行复验，这对于保证配合间隙和试验过盈量尤为重要。

④ 每个工步装配完毕应进行检查。

⑤ 试运转前必须进行静态检查，熟悉试运转内容及要求，在试运转过程中，应认真记录。

4.1.5 机械装配的调整

装配中的调整就是按照规定的技术范围调节零件或机构的相互位置，配合间隙与松紧程度，以使设备工作协调可靠。调整的方法主要有以下几种：

① 自动调整　即利用液压、气压、弹簧、弹性胀圈和重锤等，随时补偿零件间的间隙或因变形引起的偏差。改变装配位置，如利用螺钉孔空隙调整零件装配位置使误差减小，也属自动调整。

② 修配调整　即在尺寸链的组成环中选定一环，预留适当的修配量作为修配件，而其他组成环零件的加工精度则可适当降低。例如调整前将调整垫圈的厚度预留适当的修整量，装配调整时，修配垫圈的厚度达到调整的目的。

③ 自身加工　机器总装后，加工及装配中的综合误差可利用机器的自身进行精加工达到调整的目的。如牛头刨床工作台上面的调整，可在总装后，利用自身精刨加工的方法，恢复其位置精度与

几何精度。

④ 将误差集中到一个零件上，进行综合加工，自动镗卧式铣床主轴前支架轴承孔，使其达到与主轴中心同轴度要求的方法就是属于这种方法。

>4.2　机械装配的工艺守则

4.2.1　机械装配作业前的准备

① 作业资料：包括总装配图、部件装配图、零件图、物料表（BOM）等，直至项目结束，必须保证图纸的完整性、整洁性、过程信息记录的完整性。

② 作业场所：零件摆放、部件装配必须在规定作业场所内进行，整机摆放与装配的场地必须规划清晰，直至整个项目结束，所有作业场所必须保持整齐、规范、有序。

③ 装配物料：作业前，按照装配流程规定的装配物料必须按时到位，如果有部分非决定性材料没有到位，可以改变作业顺序，然后填写材料催工单交采购部。

④ 装配前应了解设备的结构、装配技术和工艺要求。

4.2.2　机械装配的基本规范

① 机械装配应严格按照设计部提供的装配图纸及工艺要求进行装配，严禁私自修改作业内容或以非正常的方式更改零件。

② 装配的零件必须是质检部验收合格的零件，装配过程中若发现漏检的不合格零件，应及时上报。

③ 装配环境要求清洁，不得有粉尘或其他污染，零件应存放在干燥、无尘、有防护垫的场所。

④ 装配过程中零件不得磕碰、切伤，不得损伤零件表面，或使零件明显弯、扭、变形，零件的配合表面不得有损伤。

⑤ 相对运动的零件，装配时接触面间应加润滑油（脂）。

⑥ 相配零件的配合尺寸要准确。

⑦ 装配时，零件、工具应有专门的摆放设施，原则上零件、工具不允许摆放在机器上或直接放在地上，如果需要的话，应在摆放处铺设防护垫或地毯。

⑧ 装配时原则上不允许踩踏机器，如果需要踩踏作业，必须在机器上铺设防护垫或地毯，重要部件及非金属强度较低部位严禁踩踏。

4.2.3 各种装配的基本要求

（1）固定连接

1）螺栓连接（见图 4-4）

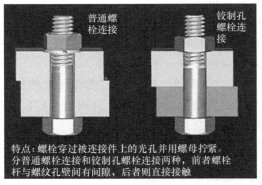

图 4-4　螺栓连接

① 螺栓紧固时，不得采用活动扳手，每个螺母下面不得使用 1 个以上相同的垫圈，沉头螺钉拧紧后，钉头应埋入机件内，不得外露。

② 一般情况下，螺纹连接应有防松弹簧垫圈，对称多个螺栓拧紧方法应采用对称顺序逐步拧紧，条形连接件应从中间向两方向对称逐步拧紧。

③ 螺栓与螺母拧紧后，螺栓应露出螺母 1～2 个螺距；螺钉在紧固运动装置或维护时无须拆卸部件的场合，装配前螺钉上应加涂

螺纹胶。

④ 有规定拧紧力矩要求的紧固件，应采用力矩扳手，按规定拧紧力矩紧固。未规定拧紧力矩的螺栓，其拧紧力矩可参考表 4-1 的规定。

表 4-1 螺纹拧紧力矩（无预紧力矩要求时）

螺纹直径 d/mm	螺纹强度级别			
	4.6	5.6	6.6	10.9
	拧紧力矩/(N·m)			
6	3.5	4.6	5.2	11.6
8	8.4	11.2	12.6	28.1
10	16.7	22.3	25	56
12	29	39	44	97
14	46	62	70	150
16	72	96	109	204
18	100	133	149	330
20	140	188	212	470
22	190	256	290	640
24	240	325	366	810
27	360	480	540	1190

2）销连接（见图 4-5）

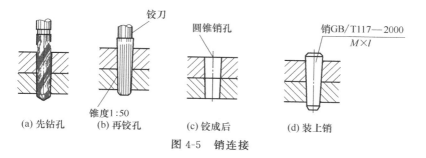

(a) 先钻孔　　(b) 再铰孔　　(c) 铰成后　　(d) 装上销

图 4-5　销连接

① 定位销的端面一般应略高出零件表面，带螺尾的锥销装入

相关零件后，其大端应沉入孔内。

②开口销装入相关零件后，其尾部应分开 60°～90°。

3）键连接（见图4-6）

①平键与固定键的键槽两侧面应均匀接触，其配合面间不得有间隙。

②间隙配合的键（或花键）装配后，相对运动的零件沿着轴向移动时，不得有松紧不均现象。

图 4-6　键连接

③钩头键、楔键装配后其接触面积应不小于工作面积的 70％，且不接触部分不得集中于一处；外露部分的长度应为斜面长度的 10％～15％。

4）铆接（见图4-7）

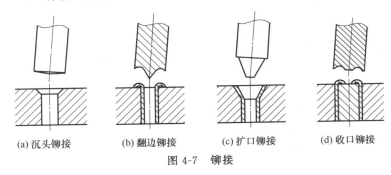

(a) 沉头铆接　　(b) 翻边铆接　　(c) 扩口铆接　　(d) 收口铆接

图 4-7　铆接

①铆接的材料和规格尺寸必须符合设计要求，铆钉孔的加工应符合有关标准规定。

②铆接时不得破坏被铆接零件的表面，也不得使被铆接零件的表面变形。

③除有特殊要求外，一般铆接后不得出现松动现象，铆钉的头部必须与被铆接零件紧密接触，并应光滑圆整。

5）胀套连接（见图4-8）

胀套装配：胀套涂上润滑油脂，将胀套放入装配的毂孔中，套入安装轴后调整好装配位置，然后拧紧螺栓。拧紧的次序以开缝为界，左右交叉对称依次先后拧紧，确保达到额定力矩值。

6）**紧定连接**（见图 4-9）　紧定螺钉的锥端和坑眼应均为 90°，紧定螺钉应对准坑眼拧紧。

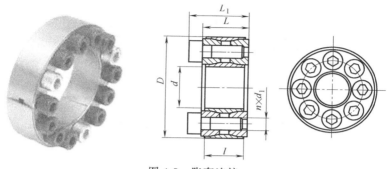

图 4-8　胀套连接

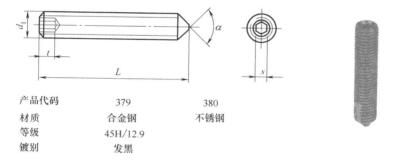

产品代码	379	380
材质	合金钢	不锈钢
等级	45H/12.9	
镀别	发黑	

d_1	M2	M2.5	M3	M4	M5	M6	M8	M10	M12	M16	M20	M24
P	0.4	0.45	0.5	0.7	0.8	1	1.25	1.5	1.75	2	2.5	3
s	0.9	1.3	1.5	2	2.5	3	4	5	6	8	10	12
t/min	0.8	1.2	1.2	1.5	2	2	3	4	4.8	6.4	8	10
L						2~70						

图 4-9　紧定连接

（2）滚动轴承的装配（见图 4-10）

① 轴承装配前，轴承位不得有任何的污渍存在。

② 轴承装配时应在配合件表面涂一层润滑油，轴承无型号的

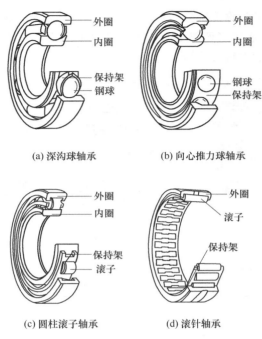

(a) 深沟球轴承　　　　　　　(b) 向心推力球轴承

(c) 圆柱滚子轴承　　　　　　(d) 滚针轴承

图 4-10　滚动轴承

一端应朝里，即靠轴肩方向。

　　③ 轴承装配时应使用专用压具，严禁采用直接击打的方法装配，套装轴承时加力的大小、方向、位置应适当，不应使保护架或滚动体受力，应均匀对称受力，保证端面与轴垂直。

　　④ 轴承内圈端面一般应紧靠轴肩（轴卡），轴承外圈装配后，其定位端轴承盖与垫圈或外圈的接触应均匀。

　　⑤ 滚动轴承装好后，相对运动件的转动应灵活、轻便，如果有卡滞现象，应检查分析问题的原因并做相应处理。

　　⑥ 轴承装配过程中，若发现孔或轴配合过松时，应检查公差；过紧时不得强行野蛮装配，应分析问题的原因并做相应处理。

　　⑦ 单列圆锥滚子轴承、推力角接触轴承、双向推力球轴承在

装配时轴向间隙符合图纸及工艺要求。

⑧ 对采用润滑脂的轴承及与之相配合的表面，装配后应注入适量的润滑脂。对于工作温度不超过 65℃ 的轴承，可按 GB/T 491—2008《钙基润滑脂》采用 ZG-5 润滑脂；对于工作温度高于 65℃ 的轴承，可按 GB 492—1989《钠基润滑脂》采用 ZN-2、ZN-3 润滑脂。

⑨ 普通轴承在正常工作时温升不应超过 35℃，工作时的最高温度不应超过 70℃。

（3）直线轴承的装配（见图 4-11）

① 组装前，轴承内部应涂抹润滑脂。

② 轴承压入支承座时，应采用专用安装工具压靠外圈端面，不允许直接敲打轴承，以免变形。

③ 轴承与支承座的配合必须符合公差要求，过紧会使导轨轴与轴承过盈配合，会损坏轴承；过松会使轴承无法在支承座中固定。

④ 导轨轴装入轴承时，应对准中心轻轻插入，如歪斜地插入，会使滚珠脱落，保持架变形。

⑤ 轴承装入支承座时，不允许转动，强行使其转动，会损坏轴承。

⑥ 不允许用紧定螺钉直接紧定在轴承外圈上，否则会发生变形。

（4）直线导轨的装配（见图 4-12）

① 导轨安装部位不得有污渍，安装面平整度必须达到要求。

图 4-11　直线轴承

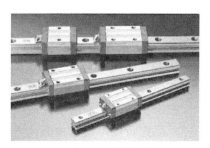

图 4-12　直线导轨

② 导轨侧面有基准边时，应紧贴基准边安装；无基准边时，应保证导轨的滑动方向与设计要求一致。导轨固定螺钉拧紧后，应检查滑块的滑动方向是否有偏差，否则必须调整。

③ 如果滑块以传动带带动，传动带与滑块固定张紧后，传动带不得有斜拉的现象，否则必须调整带轮，使传动带的带动方向与导轨平行。

（5）链轮链条的装配（见图4-13）

① 链轮与轴的配合必须符合设计要求。

② 主动链轮与从动链轮的轮齿几何中心平面应重合，其偏移量不得超过设计要求。若设计未规定，一般应小于或等于两轮中心距的 2‰。

③ 链条与链轮啮合时，工作边必须拉紧，并保证啮合平稳。

④ 链条非工作边的下垂度应符合设计要求。若设计未规定，应按两链轮中心距 1%～2% 调整。

（6）齿轮的装配（见图4-14）

齿轮传动机构的装配技术要求有：

图 4-13　链轮链条的装配

图 4-14　齿轮的装配

1）齿轮孔与轴的配合要适当，满足使用要求

① 空套齿轮在轴上不得有晃动现象；

② 滑移齿轮不应有咬死或阻滞现象；

③ 固定齿轮不得有偏心或歪斜现象。

2）保证齿轮有准确的安装中心距和适当的齿侧间隙

① 齿侧间隙指齿轮副非工作表面法线方向距离；

② 侧隙过小，齿轮转动不灵活，热胀时易卡齿，加剧磨损；

③ 侧隙过大，则易产生冲击振动。

3）保证齿面有一定的接触面积和正确的接触位置

（7）同步齿轮带轮的装配（见图 4-15）

① 主从动同步带轮轴必须互相平行，不许有歪斜和摆动，倾斜度误差不应超过 2‰。

② 当两带轮宽度相同时，它们的端面应该位于同一平面上，两带轮轴向错位不得超过轮缘宽度的 5%。

③ 同步带装配时不得强行撬入带轮，应通过缩短两带轮中心距的方法装配，否则可能损伤同步带的抗拉层。

④ 同步带张紧轮应安装在松边张紧，而且应固定两个紧固螺栓。

（8）平带的装配（见图 4-16）

① 安装前，所有的输送平面应调整水平。

图 4-15　同步齿轮带轮的装配

图 4-16　平带的装配

② 带轮中心点连线应调整至同一竖直面上，且轴线相互平行。

③ 平带的输送方向应按照皮带上标识的箭头方向安装，否则将影响其使用寿命。

（9）电动机、减速器的装配（见图 4-17）

① 检查电动机型号是否正确，减速器型号是否正确。

② 装配前，将电动机轴和减速的连接部分清洁干净。

③ 电动机法兰螺栓拧紧前，应转动电动机纠正电动机轴与减

速器联轴器的同心度，再将电动机法兰与减速器连接好，对角拧紧固定螺栓。

④ 伺服电动机在装配过程中，应保证电动机后部编码器不受外力作用，严禁敲打伺服电动机轴。

（10）伺服减速器的安装（见图 4-18）

① 移动减速器法兰外侧的密封螺钉以便于调整夹紧螺钉。

图 4-17　电动机、减速器的装配

图 4-18　伺服减速器

② 旋开夹紧螺钉，将电动机法兰与减速器连接好，对角拧紧定位螺栓。

③ 使用合适扭力将夹紧环拧紧，然后拧紧密封螺钉。

④ 将电动机法兰螺栓扭至松动，点动伺服电动机轴或用手转动电动机轴几圈，纠正电动机轴与减速器联轴器的同心度。

⑤ 最后将电动机法兰与减速器连接好，对角拧紧定位螺栓。

（11）机架调整与连接

① 不同段的机架高度调节应按照同一基准点，调整到同一高度。

② 所有机架的墙板，应调整至同一竖直面上。

③ 各段机架调整到位、符合要求后，应安装相互之间的固定连接板。

（12）气动元件的装配

① 每套气动驱动装置的配置，必须严格按照设计部提供的气路图进行连接，阀体、管接头、气缸等连接时必须核对无误。

② 总进气减压阀按照箭头方向进行进出口连接，空气过滤器

和油雾器的水杯和油杯必须竖直向下安装。

③ 配管前应充分吹净管内的切削粉末和灰尘。

④ 管接头是螺纹拧入的，如果管螺纹不带螺纹胶，则应缠绕生料带，缠绕方向从正面看，朝顺时针方向缠绕，不得将生料带混入阀内，生料带缠绕时，应预留1个螺牙。

⑤ 气管布置要整齐、美观，尽量不要交叉布置，转弯处应采用90°弯头。气管固定时不要使接头处受到额外的应力，否则会引起漏气。

⑥ 电磁阀连接时，要注意阀上各气口编号的作用。P：总进气；A：出气1；B：出气2；R（EA）：与A对应的排气；S（EB）：与B对应的排气。

⑦ 气缸装配时，活塞杆的轴线与负载移动的方向应保持一致。

⑧ 使用直线轴承导向时，气缸活塞杆前端与负载连接后，在整个行程中不得有任何的别劲存在，否则将损坏气缸。

⑨ 使用节流阀时，应注意节流阀的类型，一般而言，以阀体上标识的大箭头加以区分，大箭头指向螺纹端的为气缸使用；大箭头指向管端的为电磁阀使用。

4.2.4 装配的检查工作

1) 每完成一个部件的装配，都要按以下的项目检查，如发现装配问题应及时分析处理。

① 装配工作的完整性，核对装配图纸，检查有无漏装的零件。

② 各零件安装位置的准确性，核对装配图纸或如上规范所述要求进行检查。

③ 各连接部分的可靠性，各紧固螺栓是否达到装配要求的扭力，特殊的紧固件是否达到防止松脱要求。

④ 活动件运动的灵活性，如输送辊、带轮、导轨等手动旋转或移动时，是否有卡滞或别滞现象，是否有偏心或弯曲现象等。

2) 总装完毕主要检查各装配部件之间的连接，检查内容按以上①中规定的"四性"作为衡量标准。

3) 总装完毕应清理机器各部分的铁屑、杂物、灰尘等，确保各传动部分没有障碍物存在。

4) 试机时，认真做好启动过程的监视工作，机器启动后，应立即观察主要工作参数和运动件是否正常运动。

5) 主要工作参数包括运动的速度、运动的平稳性、各传动轴旋转情况、温度、振动和噪声等。

4.3 机械装配的工艺过程

装配钳工的工作范围很广，一个完整的机械装配过程往往要经过拆卸→清洗→检测→修复→装配→调整→质量验收这些工艺环节。

4.3.1 机械设备的拆卸

（1）拆卸前的准备

1) 检测设备精度　机械设备维修前，一定要了解其当前机械设备运行状态。应按照设备的技术标准来对其加工的产品进行精度检验，或随机对其各项功能进行综合测试。根据产品精度和功能丧失情况发现所存在的问题，决定具体维修项目与验收要求，并做好技术物资准备；维修后仍按上述要求验收。对设备的某些精度项目进行检测，为维修工艺做好参考。

2) 外观检查　对所维修设备进行外观检查，发现问题（如外部零件的损坏和缺陷、零件的缺失等）及时做好记录。

3) 安全防护装置和电气部分检查

对车床进行安全防护装置和电气检查，发现问题及时做好记录。

4) 技术文件准备　技术文件准备是为维修提供技术依据，主要包括以下几个方面：

① 准备现有的或需要编制的机械设备画册和备件图册。

② 确定维修工作类别和年度维修计划。

③ 整理机械设备在使用过程中的故障及其处理记录。

④ 调查维修前机械设备的技术状况。

⑤ 明确维修内容和方案。

⑥ 提出维修后要保证的各项技术性能要求。

⑦ 提供必备的有关技术文件等。

在图册准备中要注意：有些机械设备由有关部门出版或编制的现成图册可直接选用，而没有现成图册的则须自己编制。其图册内容应包括：主要技术数据；原理图、系统图；总图和重要部件装配图；备件或易损件图；安装地基图；标准件图和外构件目录；重要零件的毛坯图等。

5）准备拆卸工具和材料　根据设备的实际情况，准备必要的通用和专用工具、量具，特别是自制的特殊工具及量具。同时也要把维修过程中所需要的材料（如棉纱、白布和煤油等）准备齐全。下面介绍几种常用的拆卸工具。

① 拉卸器（如图 4-19 所示）。它通手柄 1 转动双头丝杠 2（一头左旋，另一头右旋），利用杠杆原理，产生拉卸动作，将工件 3

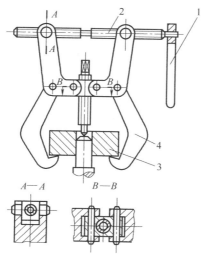

图 4-19　GX-1000S 型拉卸器

1—手柄；2—双头丝杠；3—带轮；4—拉钩

拉卸出。该拉卸器为一种引进的拉卸器。拉卸器的型号为GX-1000。

其他参数：最大拉卸长度 45mm；被拉件外径 100~250mm；被拉件最大厚度 100mm。

② 轴用顶具（如图 4-20 所示）。弓形架 3 的上板钻孔，与螺母 2 焊接下板开一 U 形槽，槽宽由轴径确定。弓形架 3 两边各焊一根加强筋 4，并可配制数块槽宽为 b（b<B）的系列多用平板，使用时按轴径大小选择槽口，交叉叠放于弓形架 3 的 U 形槽上，这样可使一副弓形架适用于多种不同轴径的需要。旋转螺栓 1 就能顶出轴上零件。

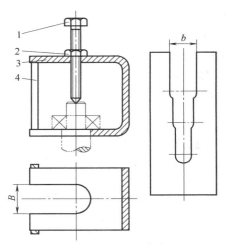

图 4-20　轴用顶具
1—螺栓；2—螺母；3—弓形架；4—加强筋

③ 孔用拉具（如图 4-21 所示）。膨胀套 4 下端十字交叉开口，直径应略小于零件内径。旋转螺母 3，使安装在支架 2 上的锥头螺杆 5 上升，膨胀套 4 胀开，勾住零件 6（注意不要胀得过紧），再旋转螺母 1，便能拉出孔内零件。

④ 圆锥滚子轴承拉具。如图 4-22 所示为拉具的结构图，卡箍

4 为在整体加工后沿中心线切开的两半件。当花键轴花键部分的外径与轴承内圈的外径相同时,为使卡箍抓轴承内圈更牢固些,也可把卡箍内箍孔加工成花键套的形式。使用时,将两半卡箍 4 卡住被拉圆锥滚子轴承 6,套上外箍 5,用小轴 3 连接拉杆 1 与两半的卡箍 4,用撞块 2 向后撞,即可将圆锥滚子轴承 6 拉出。

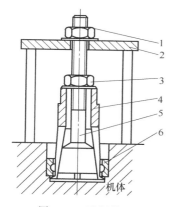

图 4-21　孔用拉具

1,3—螺母;2—支架;4—膨胀套;

5—螺杆;6—零件

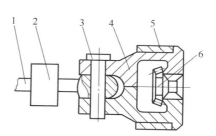

图 4-22　圆锥滚子轴承拉具

1—拉杆;2—撞块;3—小轴;

4—卡箍;5—外箍;6—轴承

⑤ 拉轴承外圈用的工具 (图 4-23)。齿轮两端装有圆锥滚子轴承外圈,将工具的钩部钩住轴承外圈端面,旋转右端手柄即可将轴

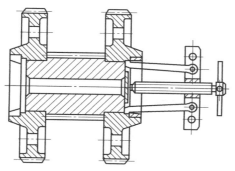

图 4-23　拉轴承外圈用的工具

承外圈拉出。如果拉头还不能拉出轴承外圈时，则须同时用冰局部冷却轴承外圈，迅速从齿轮中拉出轴承外圈。

⑥ 不通孔轴承拉具（如图4-24所示）。弧形拉钩1与筒管3用螺钉2紧固成一体，螺栓4旋入筒管3的螺孔中，拉卸轴承时，把两件对称的弧形拉钩放入轴承孔座内，并把筒管伸入两拉钩之间，用扳手旋进螺栓4，便可将轴承8从装在油箱箱体6上的轴承不通孔中卸出。若螺栓4长度不够时，可在筒管3头端垫入一直径略小于筒管3孔径的接长轴5。

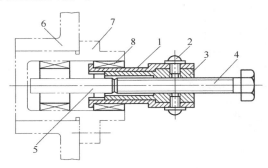

图 4-24 不通孔轴承拉具

1—拉钩；2—螺钉；3—筒管；4—螺栓；5—接长轴；6—箱体；7—法兰；8—轴承

⑦ 不通孔取衬套拉具（如图4-25所示）。衬套内孔与 d_1 为间

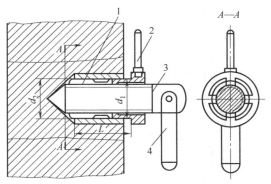

图 4-25 不通孔取衬套拉具

1—螺母；2—止动扳手；3—螺旋顶杆；4—旋转扳手

隙配合，d_2 比 d_1 大 2.5～4mm，L 大于衬套长度 20～40mm。使用时，用手使弹性钩爪螺母 1 做径向收缩后插入衬套内径中，并使其四钩爪正好挂在衬套的内端面上，这时一手握止动扳手 2，另一只手握旋转扳手 4，顺时针方向转动，当螺旋顶杆 3 顶到不通孔底部时，衬套便随同弹性钩爪螺母 1 一起被拉出。

⑧ 螺钉取出器（如图 4-26 所示）。它是取出断头螺钉的专用工具，它的外形与锥度铰刀类似，A 为刃部，外形为带锥部的螺旋形，左旋，螺旋线头一般是 4 头。从法向截面看，曲率较小，工作时 G 处起挤压作用。刃部有较高的硬度，达 50HRC 左右。使用时，先在断螺钉的中心钻一个小孔，能使刃部插入 1/2 即可。然后使取出器反时针旋转，螺钉便可取出。

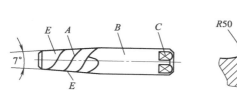

图 4-26　螺钉取出器

（2）机械设备的拆卸

1）零件拆卸的一般原则

① 拆卸前应熟悉设备的构造、原理，这是进行正确拆卸的首要条件。

② 拆卸作业要由表及里逐级拆卸。根据设备的结构特点，按其拆卸顺序进行。先由整机拆成总成，然后由总成拆成部件、零件。各种拆卸工作都有其要求和使用的专用工具及拆卸步骤。

③ 在拆卸轴孔装配件时，通常用多大力装配，就应该用多大力拆卸的原则。如果出现异常情况，就应该查找原因，防止在拆卸中将零件碰伤、拉毛，甚至损坏。热装零件要利用加热来拆卸。例如热装轴承可用热油加热轴承内圈进行拆卸。滑动部件拆卸时，要考虑到滑动面间油膜的吸力。一般情况下，在拆卸过程中不允许进

行破坏性拆卸。

④ 要坚持拆卸服务于装配的原则。如果被拆卸设备的技术资料不全，拆卸中必须对拆卸过程有必要的记录。以便安装时遵照"先拆后装"的原则重新装配。在拆卸中，为防止搞乱关键件的装配关系和配合位置，避免重新装配时精度降低，应该在装配件上用划针做出明显标记。对于拆卸出来的轴类零件应该悬挂起来，防止弯曲变形。精密零件要单独存放，避免损坏。

2）零部件拆卸的常用方法（表4-2）。

表4-2 零部件拆卸的一般方法

拆卸方法		图形	特点及注意事项
击卸法	用锤子击卸		(1)特点 适用的场合比较广泛，操作方法方便，不需特殊的工具和设备 (2)注意事项 ①锤子的重量选择要适当，拆卸时要注意用力的轻重 ②对击卸件的轴端、套端、轮缘要采取保护措施 ③要先对击卸件进行试击，从而辨别其走向、牢固程度、锈蚀程度 ④击卸时要注意安全
	利用零件自重击卸		(1)特点 操作简单，拆卸迅速，不易损坏部件 (2)注意事项 冲击时注意安全
	利用吊棒冲击击卸		(1)特点 操作者省劲，但需要吊车或其他悬挂装置的配合 (2)注意事项 冲击时注意安全

拆卸方法		图形	特点及注意事项
拉拔法	用拉卸工具拉卸	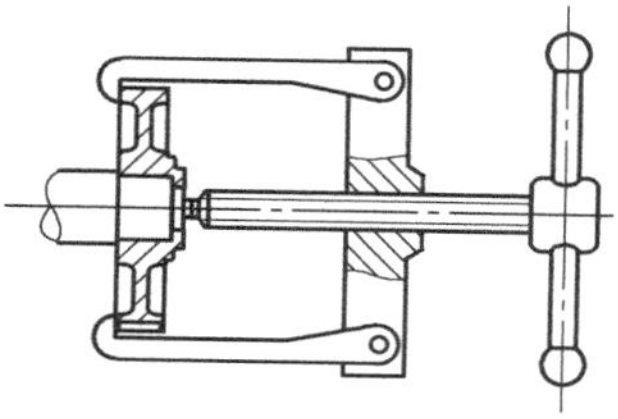	（1）特点 拆卸比较安全,不易损坏零件,适用于拆卸精度较高或无法敲击、过盈量较小的过盈配合件 （2）注意事项 拆卸时,两拉杆应保持平行
	拔销器拉卸（轴）	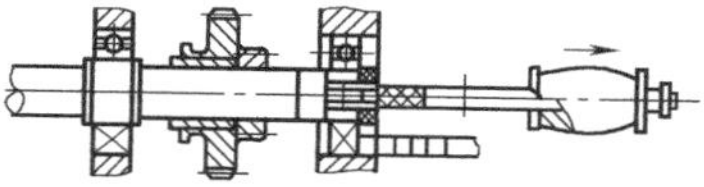	（1）特点 拆卸比较安全,不易损坏零件,适用于拆卸精度较高或无法敲击过盈量较小的过盈配合件 （2）注意事项 ①要仔细检查轴上的定位紧固是否完全拆开 ②先试拉,查明轴的拆出方向 ③在拆出过程中,要注意轴上的弹性垫圈、卡环等卡住零件
顶压法	用压力机拆卸	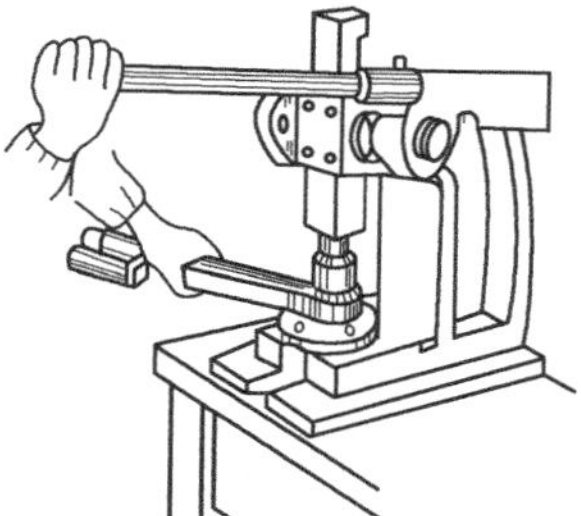	（1）特点 属静力拆卸方法。适用于小型或形状简单的静止配合零件的拆卸 （2）注意事项 冲压时,要注意冲压的行程和压力的大小,并注意安全 压力的计算 $$P>2.9il$$ 式中　i——最大过盈量,mm 　　　l——配合长度,mm

拆卸方法	图形	特点及注意事项
气割拆卸	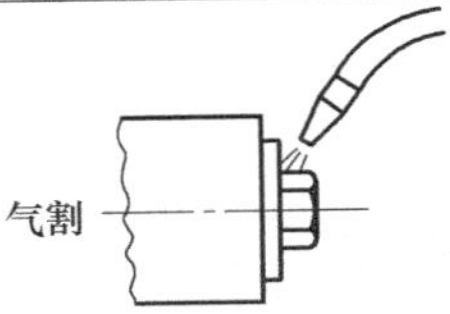 气割	(1)特点 　适用于拆卸热压、焊接、铆接的固定连接件或轴与套互相咬死,花键扭转 (2)注意事项 　尽可能不采用
机械加工	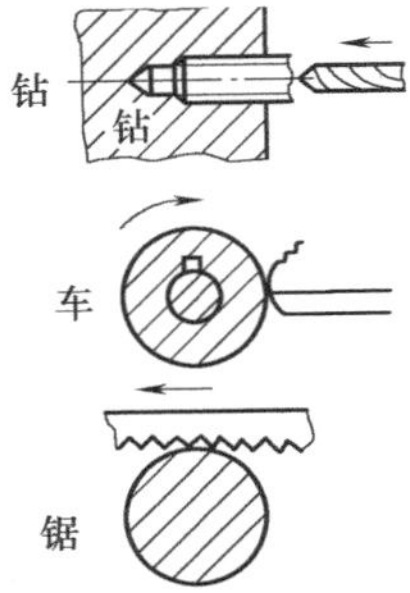 钻　车　锯	(1)特点 　变形严重、锈蚀时采用的一种保存主件、破坏副件的拆卸方法 (2)注意事项 　尽可能不采用
温差拆卸法 热胀	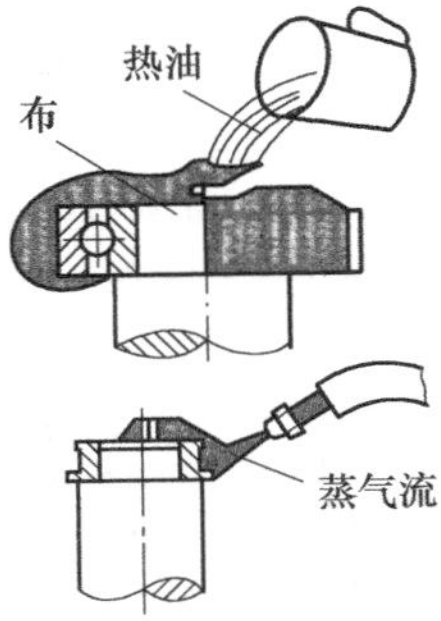 布　热油　蒸气流	(1)特点 　利用热胀的道理使薄壁件迅速膨胀,容易拆卸。适用于轴承内圈的拆卸 (2)注意事项 　尽可能不采用
温差拆卸法 冷胀	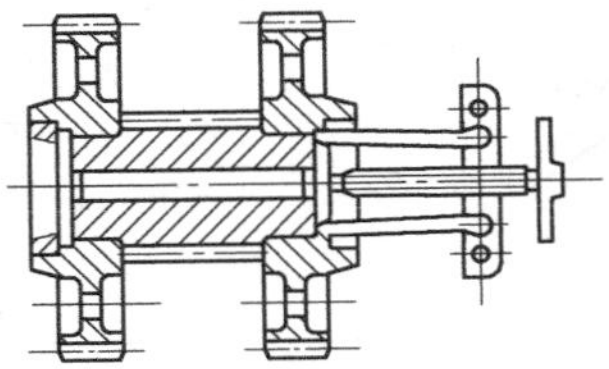	(1)特点 　用干冰冷缩机构内的零件,使其受冷内缩易拆,一般干冰可使局部冷却到－70℃左右 (2)注意事项 　尽可能不采用

4.3.2 零件的清洗和修换

（1）零件的清洗

1）清洗零件的要求

① 在清洗溶液中，对全部拆卸件都应进行清洗。彻底清除表面上的脏物，检查其磨损痕迹、表面裂纹和砸伤缺陷等。通过清洗，决定零件的再用或修换。

② 必须重视再用零件或新换件的清理，要清除由于零件在使用中或者加工中产生的毛刺。例如：滑移齿轮的圆倒角部分，轴类零件的螺纹部分，孔轴滑动配合件的孔口部分都必须清理掉零件上的毛刺、毛边，这样才有利于装配工作与零件功能的正常发挥。零件清理工作必须在清洗过程中进行。

③ 零件清洗并且干燥后，必须涂上机油，防止零件生锈。若用化学碱性溶液清洗零件，洗涤后还必须用热水冲洗，防止零件表面腐蚀。精密零件和铝合金件不宜采用碱性溶液清洗。

④ 清洗设备的各类箱体时，必须清除箱内残存磨屑、漆片、灰砂、油污等。要检查润滑过滤器是否有破损、漏洞，以便修补或更换。对于油标表面除清洗外，还要进行研磨抛光提高其透明度。

2）清洗溶液的选择

① 煤油或轻柴油在清洗零件中应用较广泛，能清除一般油脂，无论铸件、钢件或有色金属件都可清洗。使用比较安全，但挥发性较差。对于精密零件，最好使用含有添加剂的专用汽油进行清洗。

② 目前，为了节省燃料，正在大力研究和推广清洗机械零件用的各种金属清洗剂。它具有良好的亲水、亲油性能，有极佳的乳化、扩散作用。市场价格便宜，有良好的使用前途，适用性也很好。

3）清洗方法

① 人工进行清洗：对于小型零件可直接放入盛有清洗溶液的油盆之中，用毛刷仔细刷洗零件表面。对于油盆无法容纳的零件，

例如床身等，应先用旧棉纱擦掉其上的油污，然后用棉纱蘸满清洗溶液反复进行擦洗。最后一道清洗，应使用干净棉纱蘸上干净的清洗溶液进行擦洗，这样，既有利于节约清洗溶液，又能保证清洗质量。

② 用清洗箱进行喷洗：清洗箱是一个由网眼架分成两层的箱体结构，一般长1200mm、宽600mm、高500mm，有四个滚轮支承。箱体的上层可以适当大一些，用以盛放待洗的零件。箱体的下层用以储放清洗溶液。箱体上层的侧面安放一个齿轮油泵，与箱体外面的电动机相连。当通电时，电动机带动油泵，就将溶液通过管路吸出，并经过一个前端表面布满小孔的球形喷头，喷洒到待洗零件上面。由于喷头安装在一根软管上可以来回移动，喷出的溶液具有一定的压力，而且进油管口安装一个过滤器，保证了溶液的干净程度，因此，清洗效果良好。由于清洗溶液可以循环使用，实现了节约用油。

③ 用超声波清洗机清洗

超声波清洗技术目前已被越来越多的机械、汽车、电子、五金等行业广泛应用。相比其他多种的清洗方式，超声波清洗机显示出了巨大的优越性。尤其在专业化、集团化的生产企业中，已逐渐用超声波清洗机取代了传统浸洗、刷洗、压力冲洗、振动清洗和蒸汽清洗等工艺方法。超声波清洗机的高效率和高清洁度，得益于其声波在介质中传播时产生的穿透性和空化冲击波，所以很容易将带有复杂外形、内腔和细孔的零部件清洗干净，对一般的除油、防锈、磷化等工艺过程，在超声波作用下只需两三分钟即可完成，其速度比传统方法可提高几倍到几十倍，清洁度也能达到高标准，这在许多对产品表面质量和生产率要求较高的场合，更突出地显示了用其他处理方法难以达到或不可取代的结果。

（2）零件修换选择的原则

设备拆卸以后，零件经过清洗，必须及时进行检查，以确定磨损零件是否需要修换，如果修换不当，不能继续使用的零件没有及时修换，就会影响机械设备使用功能及性能的正常发挥，并且要增加维修工作量。如果可用零件被提前修换，就会造成浪费，提高修理费用。

通常决定设备零件是否需修换的一般原则如下：

① 根据磨损零件对设备精度的影响情况决定零件是否修换。在机床的床身导轨、滑座导轨、主轴轴承等基础零件磨损严重，引起被加工的工件几何精度超差，以及相配合的基础零件间间隙增大，引起设备振动加剧，影响加工工件的表面粗糙度的情况出现时，应该对磨损的基础零件进行修换。对于影响设备精度的主要零件如主轴、箱体等，虽然已经磨损，但尚未超过公差规定，估计还能满足下一个修理周期使用的要求时，可以不进行修换。对于一般零件，无论是过盈配合零件，或者间隙配合零件，在对设备精度影响不大的前提下，由于拆卸或使用中磨损引起尺寸变化时，可以使配合关系适当改变。通常间隙配合的孔、轴公差等级都可以降一级。例如 H8/h7 的配合关系可以适当改变为 H9/h8。过盈配合的孔、轴经拆卸后，一般过盈量都会明显减少。但是，如果还能保持原配合关系所需最小过盈量的 50% 左右，就基本上能满足下一个维修周期的使用要求。否则，就应该进行修换。

② 根据磨损零件对设备性能的影响情况决定零件是否修换。通常我们评价磨损零件对机械设备性能的影响，在综合考虑的基础上，主要考虑对设备的功能可靠性、生产性能及操作灵活等方面的影响。零件磨损会使设备不能完成预定的使用功能。例如离合器失去传递动力的作用；链传动中销轴与套筒的工作面间，因相对滑动而磨损，导致链节距伸长，发生脱链现象；液压机构不能达到预定的压力或压力分配要求；凸轮因磨损不能保持预定的运动规则。在这些情况下，零件都应该进行修换。当零件磨损，例如机床导轨磨损、间隙增加、配合表面研伤等，使设备不能满足产品质量要求，不能进行满负荷工作，增加工人的精力消耗和设备空行程时间。这样，就会降低设备的生产性能。这时，只有对磨损零件进行维修或更换，才能恢复生产对设备的使用要求。还有许多零件磨损后，虽然设备还能完成规定的使用功能，但会降低设备许多方面的性能。

例如齿轮噪声过大，既影响工人的工作情绪，又影响设备的使用寿命，还会降低传递效率，损坏工作平稳性，影响设备的生产性能。齿轮产生噪声增大的因素很多，只有查出根源，对有关零件进行修换，才能使噪声减小。

③ 重要的受力零件在强度下降接近极限时应进行修换。设备零件必须有足够的强度，才能保证其承载后不会发生断裂和产生残余变形超过容许限度的情况。尤其一些传递力的零件，当强度下降接近极限时，应及时进行修换。例如，低速蜗轮由于轮齿不断磨损，齿厚逐渐减薄，如果超过强度极限，就容易发生齿面剥蚀或齿牙断裂，在使用中就有可能迅速发生变化，引起严重事故。这些都是根据零件材料的强度极限决定零件的修换标准。

④ 磨损零件的摩擦条件恶化时应进行修换。在零件磨损量超过一定限度后，会使磨损速度迅速加剧，造成摩擦面间发热，摩擦条件恶化，出现摩擦面咬焊拉伤、零件毁坏等事故。例如，机械设备的导轨刮研面被磨光后，如果继续使用，在重压之下就容易破坏摩擦面间形成的油膜，造成导轨面咬焊拉伤。渗碳主轴的渗碳层在滑动轴承中被磨掉，渗氮齿面在传动中被磨掉，如果对这些摩擦条件恶化的零件继续使用，必将引起剧烈磨损。因此，对这些零件应根据磨损零件的摩擦条件状况，决定零件是否需要修换。

4.3.3 零件的修复与装配

（1）零件的修复

设备的维修主要是失效零部件的维修。在确定为能修复，且修复后能恢复其技术、经济要求的，就可以根据零部件的失效情况确定修复工艺。参照零件修复工艺确定并根据维修零部件的精度、性能要求，对各种可能的维修工艺进行充分比较，选择装配精度以及部件相对于整台设备的精度要求。确定好修复工艺后，严格按照工艺进行修复。常用零件的修复方法见图 4-27。

（2）装配与调整

设备零部件维修后的装配和调整就是把经过修复的零件以及包

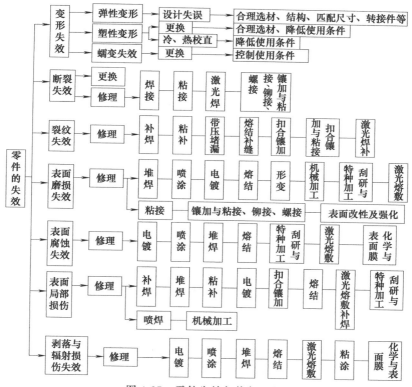

图 4-27　零件失效与修复工艺

括更新件在内的其他全部合格零件，按照一定的技术标准、一定的顺序装配起来，经调整后达到规定的精度和使用性能要求的整个工艺过程。装配和调整质量的好坏，在很大程度上影响机床的性能。

1）对装配工作前的要求

① 装配前，应对零件的形状和尺寸精度等进行认真检查，特别要注意零件上的各种标记，以免装错。对有平衡要求的旋转零件，还应按要求进行静平衡或动平衡试验，合格后才能装配。

② 固定连接的零部件，不得有间隙；活动连接的零件，应能灵活而均匀地按规定方向运动。

③ 各种变速和变向机构，必须位置正确，操作灵活，手柄位置和变速表应与机器的运转要求符合。对某些有装配技术要求的零部件，如装配间隙、过盈量、灵活度、啮合印痕等，应边安装边检查并随时进行调整以避免装配后返工。

④ 高速运动机构的外面不得有凸出的螺钉头和销钉头等。

⑤ 各种运动部件的接触表面，必须保证有足够的润滑油，并且油路要畅通。

⑥ 对于过渡配合和过盈配合零件的装配如滚动轴承的内、外圈等必须采用相应的铜棒、铜套等专门工具和工艺措施进行手工装配，按技术条件借助设备进行加温加压装配。

⑦ 各种管道和密封部件，装配后不得有渗漏现象。

⑧ 每一部件装配完后，都必须严格仔细地检查和清理，防止有遗漏或错装的零件，尤其是对要求固定安装的零部件。特别是在封闭的箱内（如齿轮箱等），不得遗留任何杂物。

⑨ 确定装配的方法、顺序和准备所需的工具。

2）装配工作的过程 比较复杂的产品的装配工作应分为部装和总装两个过程。

① 部装是指产品在进入总装以前的装配工作。凡是将两个以上的零件组合在一起或将零件与几个组件结合在一起，成为一个装配单元的工作，都可以称为部装。把产品划分成若干装配单元，是保证缩短装配周期的基本措施。因为划分若干个装配单元后，可在装配工作上组织平行装配作业，扩大装配工作面，同时，各装配单元能预先调整试验，各部分以比较完善的状态送去总装，有利于保证产品质量。

② 产品的总装通常是在工厂的装配车间（或装配工段）内进行。但在某些场合下（如重型机床、大型汽轮机和大型泵等），产品在制造厂内只进行部装工作，而在产品安装的现场进行总装工作。

3）调整、精度检验和试机

① 调整工作是调节零件或机械的相互位置、配合间隙、结合

松紧等。其目的是使机构或机器工作协调，如轴承间隙、镶条位置、蜗轮轴向位置的调整等。

② 精度检验包括工作精度检验、几何精度检验等。如车床总装后要检验主轴中心线和床身导轨的平行度、中滑板导轨和主轴中心线的垂直度误差以及前后两顶尖的等高等。工作精度检验一般指切削试验，如车床要进行车圆柱或车端面试验。

③ 试机包括机构或机器运动的灵活性、工作温升、密封性、振动、噪声、转速、功率和效率等方面的检查。试车时，要从低速到高速逐步进行。并且要根据试车情况，进行必要的调整，使其达到运转的要求

4）喷漆、涂油、装箱

喷漆是为了防止不加工面的锈蚀和使机器外表美观；涂油是使工作表面及零件已加工表面不生锈；装箱是为了便于运输。它们也都须结合装配工序进行。

第 5 章 >>>

典型零件的拆卸与装配工艺

> 5.1   典型零件的拆卸

5.1.1   键的拆卸方法

键的拆卸方法见表 5-1。

表 5-1   键的拆卸方法

名称	图　　形	拆卸方法
钩头楔键	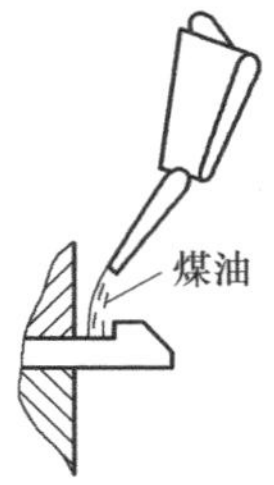 煤油 先用油润滑，再用工具拉卸	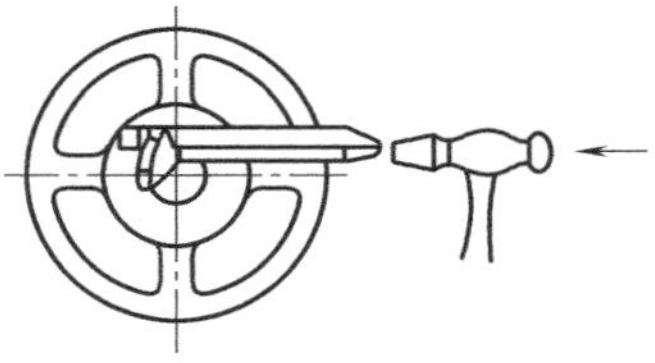 如钩头键伸出部分的缝隙大小与扁錾的厚度相当，可将扁錾錾尖插入，用锤敲击卸下
		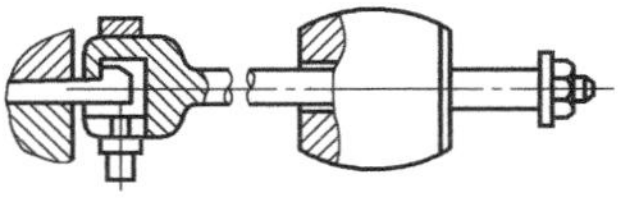 用煤油浸润 1h 后，再用手锤向里顶几下，然后用拉卸器卸下

名称	图 形	拆卸方法
钩头楔键	 煤油 先用油润滑,再用工具拉卸	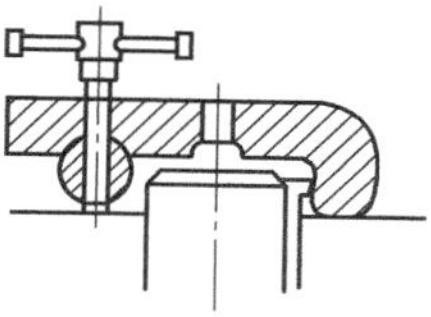 用拆卸工具将钩头键撬出
		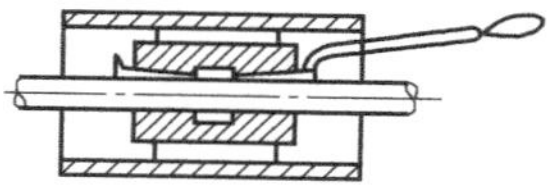 用拔卸工具拆卸钩头键,如键锈蚀严重,不能直接拆出,可把键的钩头锯掉,用钻头将键钻掉
导向平键	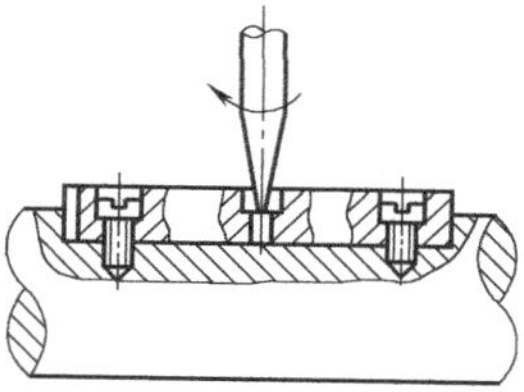	先把两端螺钉卸下,然后用螺钉旋具把中间螺钉向槽内拧入,便可把键顶出
普通平键	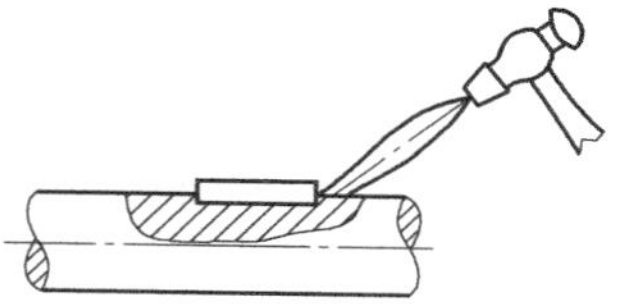	用錾子与手锤从键的两端或侧面将键剔出

5.1.2 销的拆卸方法

销的拆卸技巧见表 5-2。

表 5-2 销的拆卸方法

名称	图形	拆卸方法
圆柱销和圆锥销	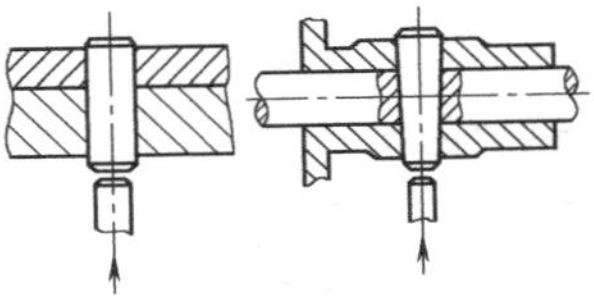	取一直径小于销孔的金属棒,用手锤敲击
内螺纹圆柱销和内螺纹圆锥销	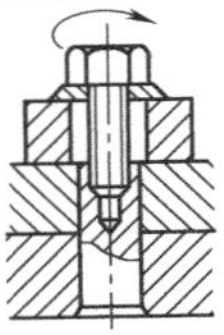	用一个与螺钉内螺纹相同的螺钉按图示形式旋出,或用拔销器拔出
螺尾锥销	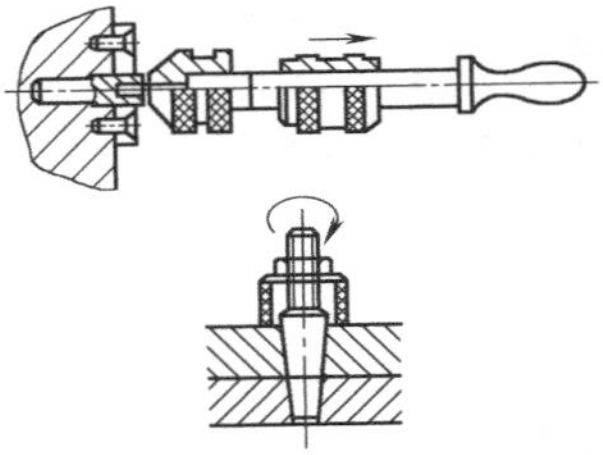	用一个与锥销螺尾相同的螺母,垫一钢圈旋出

5.1.3 轴套的拆卸方法

轴套的拆卸方法见表 5-3。

表 5-3 轴套的拆卸方法

措施		图形	拆卸方法
盲孔轴套拆卸方法	錾削	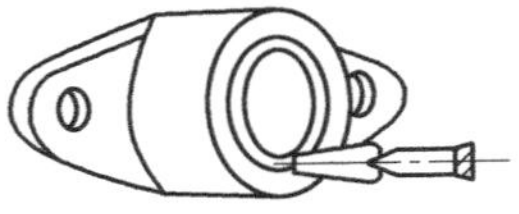	用尖凿将轴衬錾削三道沟槽,然后剔出
	在轴套底钻孔	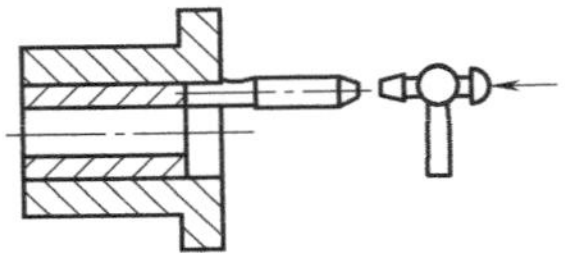	在轴套底钻两个比轴衬壁厚略大的孔,然后用圆冲和手锤将轴衬卸出

措施		图　形	拆卸方法
盲孔轴套拆卸方法	在轴套底旁边钻孔	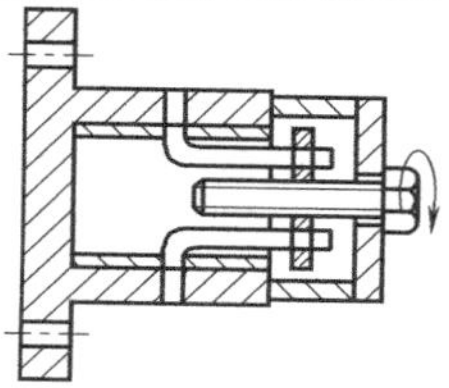	在轴套底两旁钻两个小孔,把专用工具的卡角插进轴衬的孔内,旋转螺钉,即可提取轴衬
	车削	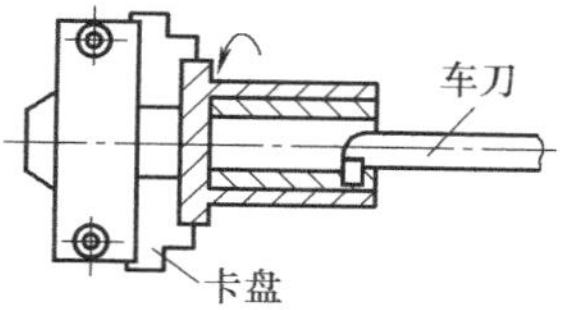 车刀 卡盘	在车床上将轴衬车削掉
	用螺套拆卸	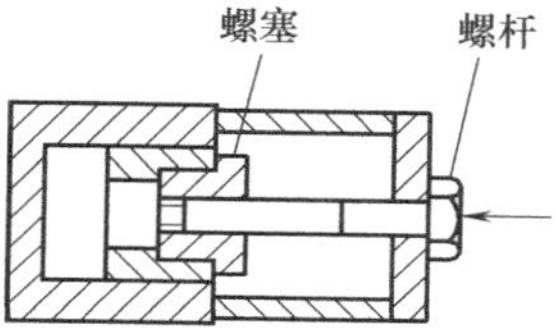 螺塞　螺杆	用一只直径稍大于轴套内孔的丝锥,把轴套攻出螺纹,并将特制的专用螺塞拧入轴套,旋入螺杆,即可退出轴套
	螺纹顶卸	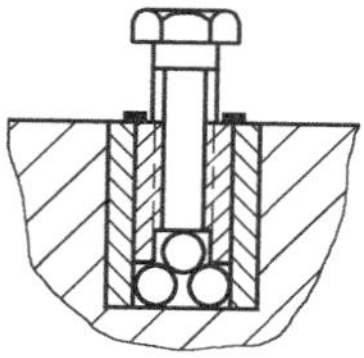	拆卸方法1:如果衬套的孔径与相应尺寸的丝杠的小径尺寸相当,可将1个至几个滚珠放到衬套内,用丝杠对衬套进行轻微的攻螺纹,至滚珠后,将衬套从机件中拔出 拆卸方法2:如若衬套内径较大,可车配与衬套内径等径的套,其内径可与相应的螺栓相配,将套焊在原衬套上,向内径投若干个滚珠,拧动螺栓,即可将衬套顶出
	灌油击卸法	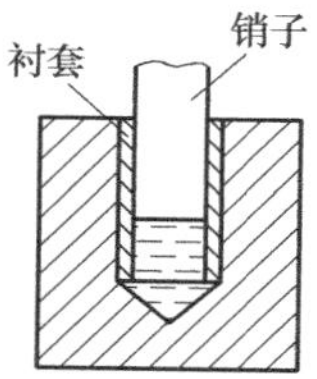 衬套　销子	往衬套内灌油,用锤头或油压打击或挤压衬套无间隙的销柱,使衬套退出

措施	图　形	拆卸方法
轴上衬套的拆卸	衬套	当轴套的外径与轴的尺寸相等或相差不大时,中间又无间隙,可在其接合处锉(或车、磨)2个 V 形槽,在槽内摆 2 根钢丝或销子,夹在台虎钳或用管钳加压,使衬套与轴间出现间隙后,再用一般方法将其拔掉
通孔轴套拆卸方法 / 用敲棒和垫片拆卸	敲棒　垫片　长螺杆 棒锤	将宽度略小于轴套的内径、长度略小于轴套的外径的垫片放入轴套内,然后用敲棒轻轻敲击,若敲棒无法插入时,可在垫片的中心钻孔,攻螺纹,然后拧入一根有棒锤的长螺杆,用棒锤敲击螺杆头部,即可将轴套拆下
用顶杆拆卸	顶杆　锥杆	将顶杆从轴套的一端插入,与另一端插入的锉销相配,使顶杆带有锥孔的端部扩张,然后用手锤轻轻敲打,即可将轴套顶出
用套管和垫片拆卸	垫片 螺杆 套管 垫片	将扁长形的垫片插入轴套的内端,再将螺杆穿过垫片,套管拧入垫片螺孔内,继续旋转螺杆,即可将轴套卸出

5.1.4　不易分解零件的拆卸方法

（1）锈蚀螺钉的拆卸方法（表5-4）

表 5-4　锈蚀螺钉的拆卸方法

锈蚀状况	图　形	拆卸方法
一般性锈蚀		用锤子振击螺母或螺钉,以振松锈层,然后拧下

锈蚀状况	图　　形	拆卸方法
螺钉有明显的锈蚀	纱布头	将浸过煤油的纱布头包扎在锈蚀的螺钉头或螺母上,待 1h 后,旋松拧下
	煤油　工件	拆卸小工件上锈蚀的螺钉,可将工件浸泡煤油容器中,待 20～30min 后再拆卸
螺钉锈蚀严重		①用扳手将螺母先紧拧 1/4 圈,再退出来,反复地松紧,逐步拧出 ②可用乙炔或喷灯将螺母加热后迅速拧出
螺母锈蚀严重		当锈蚀的螺母不能用浸油等方法排除时,可在其一边打眼钻孔,既不伤害螺栓柱,又在外侧留一薄层,并将薄层用錾铲去,即可以容易地将螺母拧出

（2）断损螺纹的拆卸方法（表5-5）

表5-5　断损螺纹的拆卸方法

损坏特征	原因	图形	检修方法
螺纹部分弯曲	①螺纹部分被碰撞挤压 ②装卸不适当	α 弯曲部分	当弯曲度 α 不超过 15°时可用下法检修:找两个合适的螺母拧到螺杆的弯曲部分,使弯曲部分处于两螺母之间,并保持一定的距离（3～5mm）,然后夹到台虎钳上校正,或就地校正

损坏特征	原因	图形	检修方法
螺纹端部被碰伤、镦粗	①螺纹部分被碰撞挤压 ②装卸不适当	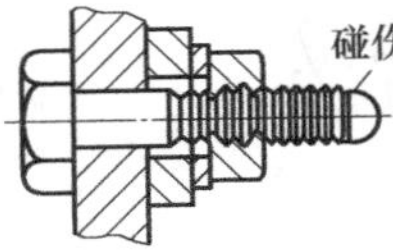 碰伤镦粗	①螺纹露出部分较长,锯割方便时可将其锯掉 ②如露出部分有少许、较短、可将露出部分錾或锉平卸下
螺纹部分滑扣	①螺纹部分长期没卸动而锈死 ②拆卸前没用油润滑螺纹部分	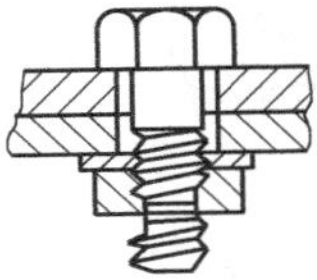	①将带螺母的螺钉錾掉或锯掉换新 ②螺钉滑扣,可用一杆顶住螺钉的底端,然后拧螺钉的头部,如螺钉仍卸不下,可用电钻钻掉
螺纹部分失紧	①选用螺母、螺钉不合适或制造得不标准 ②装配时拧的力太大,造成螺纹部分损伤	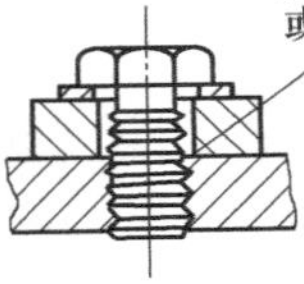 疲劳损伤或不标准	①临时找不到合适的螺栓或螺钉时,可将螺纹底孔直径扩大一个规格 ②更换螺钉或螺栓
螺钉被拧断	螺纹部分锈死或锈蚀	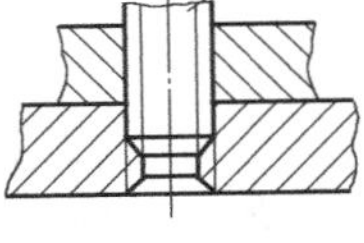 扭断	①如螺钉较大(M8以上),可在断头螺钉上钻孔,楔入一多角的钢杆,然后拧下 ②在断螺钉上钻孔,攻相反螺纹,然后将螺钉拧出 ③用直径略小于螺纹小径的钻头钻孔,然后将螺钉敲松或用铲扁拧出 ④在断头上焊一螺母,然后拧出 ⑤用电火花加工将断头部分腐蚀掉

続表

损坏特征	原因	图形	检修方法
螺钉头棱角变秃	扳手开口不当	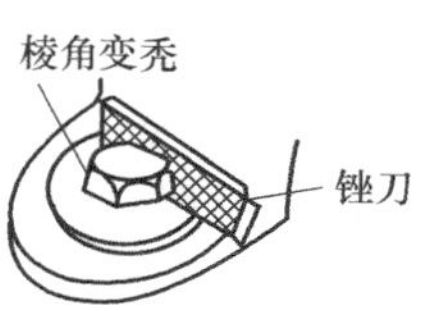 棱角变秃　锉刀	①用锉刀将六方的两对边锉扁后用扳手拧下 ②用钝錾子錾螺钉边缘,卸下换新
螺钉口损坏	①螺钉旋具没有按紧或歪斜 ②螺钉口太浅	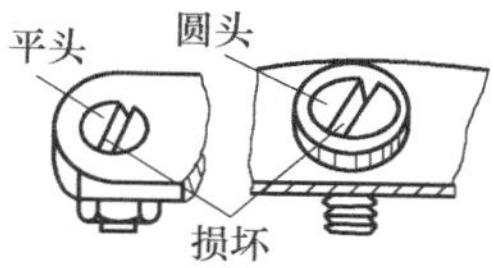 平头　圆头　损坏	①用錾子把螺钉口錾深,按紧旋具卸下螺钉 ②用钝錾子錾螺钉边缘,卸下换新

5.2　典型零件的组装

5.2.1　螺纹连接的装配

螺纹连接具有结构简单、连接可靠、装拆方便等优点,在机械中广泛应用。

(1)螺纹连接的常用类型及应用(表5-6)

表5-6　螺纹连接的常用类型及应用

类型		图例	特点及应用
螺栓连接	普通螺栓连接	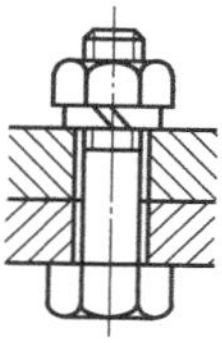	螺栓通过光孔,再拧紧螺母,将被连接件紧固连接,主要用于连接件不太厚并能从两边进行装配的场合

类型		图例	特点及应用
螺栓连接	铰制孔螺栓连接	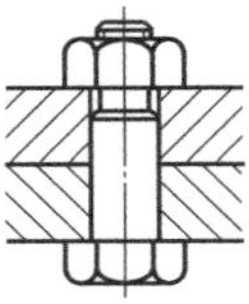	螺栓与两被连接件孔配合,再拧紧螺母,达到紧固和定位,能承受侧向力,用于有定位要求的连接
螺钉连接	六角螺钉	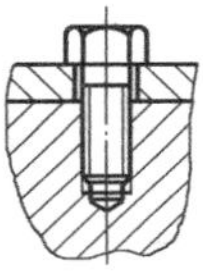	通过零件孔拧入另一零件,用于不常拆卸的连接
螺钉连接	内六角螺钉	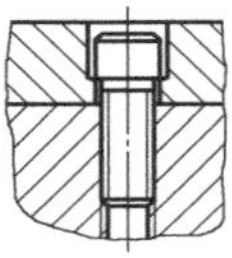	通过零件孔拧入另一零件,用于外表面平整和不易松动的连接
双头螺柱		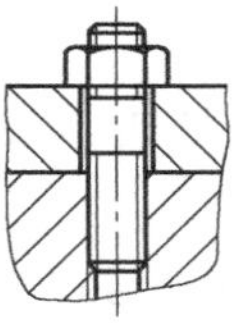	一端旋入固定件的螺纹孔,另一端旋紧螺母而夹紧被连接件。用于被连接件是厚度较大和不常拆卸的场合
紧定螺钉		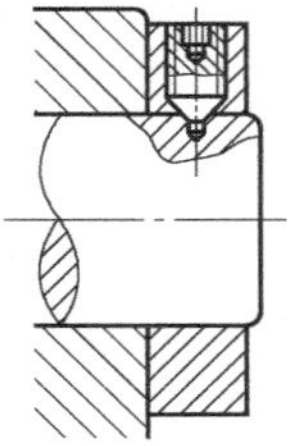	紧定螺钉的尖端顶住被连接的表面或锥坑,以固定两连接件的相对位置。多用于轴与轴上零件的连接,传递不大的力或转矩

（2）螺纹连接的装配

① 双头螺柱的装配（表 5-7）。

表 5-7　双头螺柱的装配

装配技术要求	图　　例	说　　明
双头螺柱与机体螺纹的连接必须紧固，在装拆螺母过程中，螺柱不能有松动现象，否则容易损坏螺孔	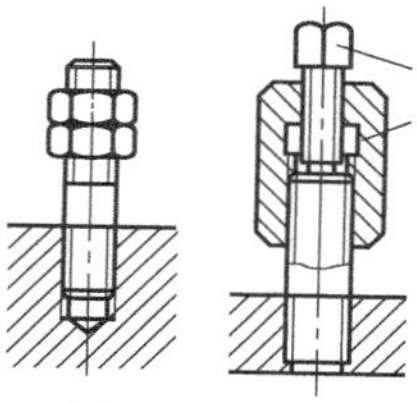 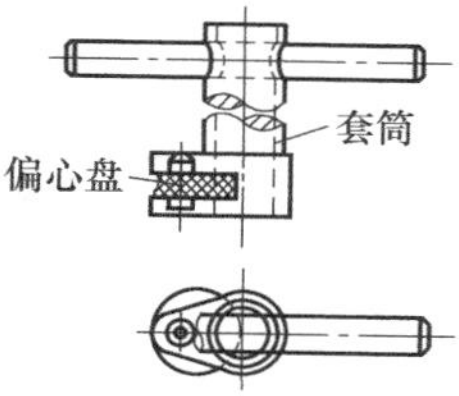	①图（a）是双螺母装配法。先将两个螺母相互锁紧在双头螺柱上，装配时扳动上螺母即能拧紧螺柱，然后再回松并旋退两锁紧螺母 ②图（b）是长螺母装配法。先将长螺母旋在双头螺柱上，然后拧紧顶端的止动螺钉，装配时只要扳动长螺母即可拧紧双头螺柱，最后旋松止动螺钉，退下长螺母 ③图（c）是双头螺柱的专用拆卸工具
双头螺柱的轴线必须与机体表面垂直	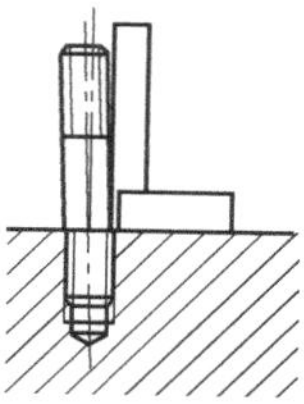	装配时通常用 90°角尺检查或目测判断。当垂直度误差不大时，可用锤击法进行校正
装入双头螺柱时，必须涂油		涂油可以避免拧入时螺纹产生拉毛现象，同时可以防锈，为以后拆卸更换时提供方便

② 成组螺纹的连接（表 5-8）。

表 5-8 成组螺纹连接的顺序

分布	简图	说明
一字形分布	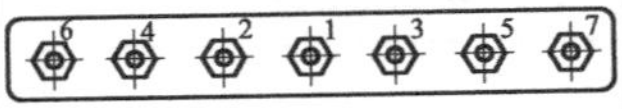	①成组螺纹连接应分次拧紧,一般 2~3 次,否则引起连接件接触不均匀、连接件变形、有密封件的可能会损坏密封件 ②拧紧操作的一般规律是从中间(或对称面)向两侧扩展,如两侧螺栓拧紧后再拧中间,工件不能向两侧延展(其连接面可能有变形)会影响到连接的强度
平行分布	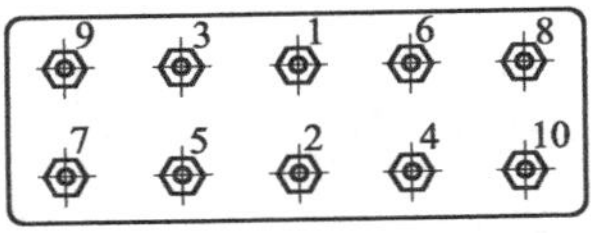	
方形分布	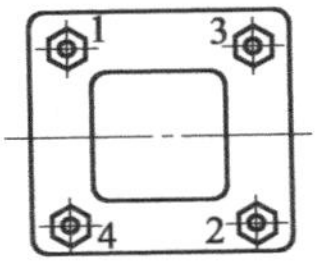	
圆形分布	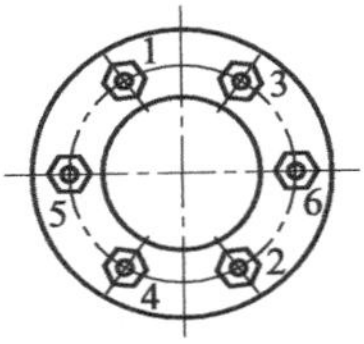	
多孔分布	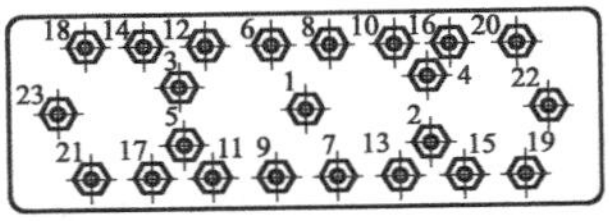	

③ 螺纹防松的连接（表 5-9）。

表 5-9 螺纹防松方法

防松方法	图例	特点及应用
双螺母防松	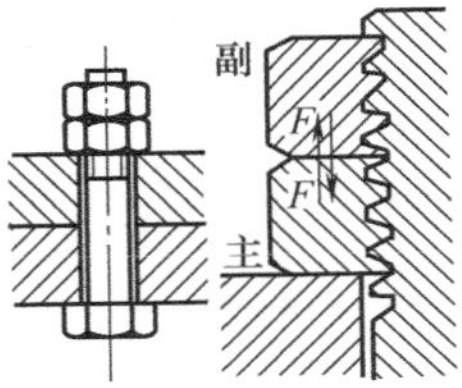	①利用两个螺母相互压紧,并使螺母与连接件压紧产生螺纹间的摩擦力 ②用于低速或工作较平稳场合

防松方法	图　例	特点及应用
弹簧垫圈防松	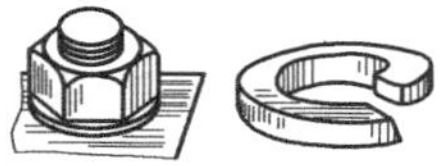	①利用垫圈压平后产生的弹力，顶住螺母（螺钉）与支承面，使螺纹间产生摩擦力 ②垫圈斜口抵住螺母与支承面，使其难以回松 ③结构简单，用于工作平稳的场合
开口销与带槽螺母防松		①槽形螺母拧紧后，用开口销穿过螺栓尾部小孔及螺母槽，再分开销末端 ②防松可靠，用于变载、振动场合
止动垫圈防松	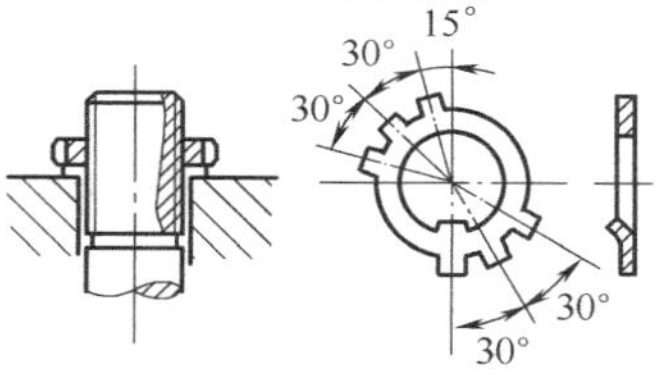	①止动垫圈的内翅插入螺杆槽内，拧紧螺母后，再把外翅弯入螺母槽内 ②用于圆螺母防松
带耳止动垫圈防松	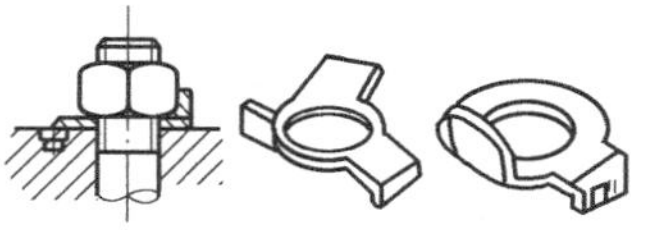	①垫圈带耳部分与连接件和六方头螺钉或螺母贴紧，以防回松 ②用于连接件可容纳弯耳的场合
锁定螺钉防松	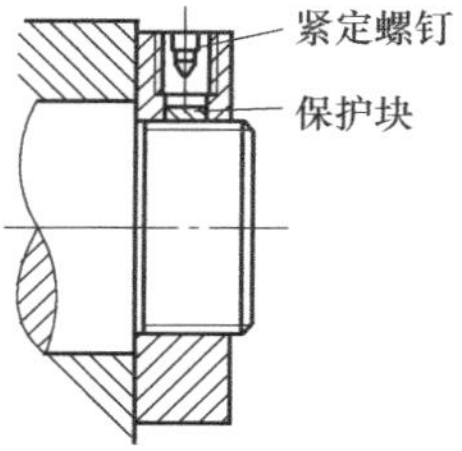	①锁定螺钉通过旋合在外螺纹表面的小镶块给螺纹施加压力，以增加螺纹间的摩擦力 ②用于转速较高的场合

防松方法	图 例	特点及应用
串联钢丝防松	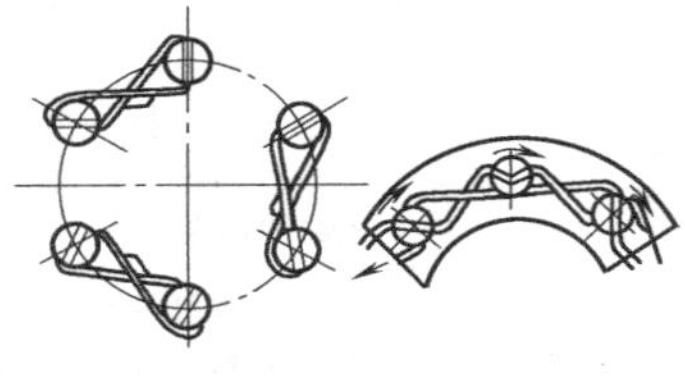 (a) 成对螺钉防松　(b) 成组螺钉防松	①用钢丝穿过一组螺钉头部的小孔,使其相互制约而防松 ②用于成组螺钉防松[图(b)中双点画线是错误串联连接]

5.2.2 键连接的装配

键是用来连接轴和轴上零件的,起到周向固定和传递转矩的作用。键连接具有结构简单、工作可靠、拆装方便等优点,因此应用广泛。

(1)键连接的类型及应用(表5-10)

表5-10 键连接的类型及应用

类型		简图	特点及应用
平键	普通平键	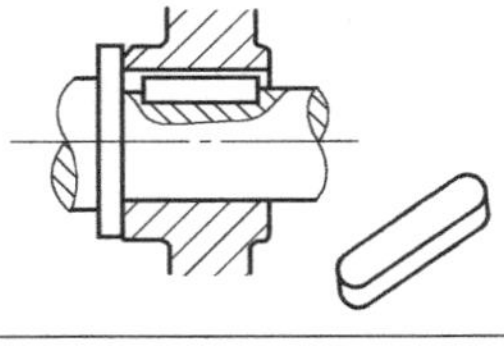	键侧面与轴槽、轮毂槽均有配合,对中性好,装拆方便,应用广泛,适用于高转速及精密的连接
	导向平键	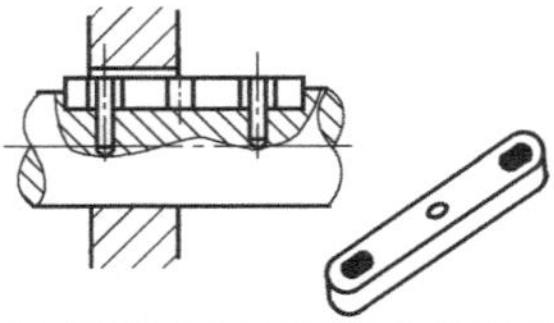	键与轴槽装配后用螺钉固定,键侧面与轮毂槽为间隙配合。用于轴上零件轴向移动量不大的场合
	滑键	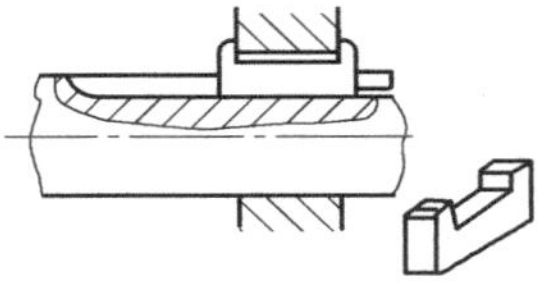	键固定在轮毂槽中,键侧面与轴槽间隙配合,用于轴向移动量较大的场合

类型		简图	特点及应用
半圆键			键在轴槽中能沿槽底圆弧摆动,装配方便,但键槽对轴颈强度削弱较大,一般用于轴端的锥形轴颈
楔键	普通楔键	>1:100	靠楔键上下斜面的楔紧作用传递转矩,能轴向固定零件和传递单方向的轴向力。对中性差,用于精度要求不高、转速较低、转矩较大、有振动的场合
	钩头楔键	<1:100	特点与楔键相同 钩头键用于有轴肩的轴颈,钩头供拆卸使用
花键	矩形花键		传递转矩大,应力集中小,适用于重载荷或变载及定心精度高的动、静连接
	渐开线花键		键根强度大,应力集中小,负荷能力大,定心精度高。适用于大轴径花键传动
	梅花键		加工方便,齿细小而多,对轴的削弱较小,便于机构的调整与装配,多用于轻载和直径小的静连接

（2）键连接的装配

1）平键连接的装配。平键连接其结构简单，制造和装配都很方便，所以应用很普遍，结构如图 5-1 所示。装配时要求键的侧面

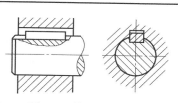

图 5-1　普通平键连接

与键槽为间隙配合或过渡配合，键的底面应与槽底接触，顶面与槽有较大的间隙，在键的长度方向也应留一定的间隙。平键连接的装配步骤和方法可参见表 5-11。

表 5-11　平键连接的装配步骤和方法

装配步骤	装配方法
去除键槽的锐边	使键容易装入
试装轴和轴上的配件	先不装入平键，主要检查轴和孔的配合状况，避免装配时轴与孔配合过紧
修整平键与键槽宽度的配合精度	要求配合稍紧，不得有较大间隙，或配合过紧，则将键侧面稍做修整
修锉平键半圆头	平键与半圆头与轴上键槽间留有 0.1mm 左右的间隙
将平键安装于轴的键槽中	在配合面上应加机械油，用台虎钳夹紧（钳口须垫铜片）或用铜棒敲击，将平键装在轴的键槽内，并与槽底接触
安装相配件	键顶面与配件槽底面应留有 0.3～0.5mm 间隙，若侧面配合过紧，则应拆配件，根据键槽上的印痕，修锉配件键槽两侧面，使之能正常装入，但不允许产生松动，以避免传递动力时产生冲击和振动

2）楔键连接的装配。楔键的形状与平键有些不同，顶面有 1∶100 的斜度，与配件的槽底面相接触，键侧面与键槽有一定的间隙，结构如图 5-2 装配时，将键敲入而成紧键连接，以传递转矩和承受单向轴向力不高的传动。楔键的装配步骤和方法可参见表 5-12。

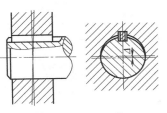

图 5-2　楔键连接

表 5-12　楔键连接的装配步骤和方法

装配步骤	装配方法
锉配键宽	使键侧面与键槽之间保持一定的间隙
检查键与键槽的配合	①将轴上配件的键槽与轴上键槽对正，在楔键的斜面上涂色后敲入键槽内，根据接触斑点来判断斜度接触是否良好 ②用键削或刮削法修整，使键与键槽的上下结合面紧密贴合
装配楔键	清洗楔键和键槽，将楔键涂油后敲入键槽中

3）花键连接的装配。花键连接用于传递较大的转矩，其对中性和导向性好，常用于机床和汽车中的变速传动轴。花键按其齿形的不同可分为矩形、渐开线形、三角形等几种，其中最常用的是矩形花键，如图 5-3 所示。

装配要求如下：

① 静连接花键装配：套件应在花键轴上固定，故有少量过盈。装配时可用铜棒轻轻打入，但不得过紧，以防止拉伤配合表面。如过盈较大，则应将套件加热（80～120℃）后进行装配。

② 动连接花键装配：套件可以在花键轴上自由滑动，没有阻滞现象，但也不能过松，用手摆动套件时，不应感觉有明显的周向间隙。

③ 花键的修正：拉削后热处理的内花键，可用花键推刀修整，以消除因热处理产生的微量缩小变形，也可以用涂色法修整，以达到技术要求。

④ 花键副的检查：装配后的花键副应检查花键轴与被连接零件的同轴度或垂直度要求。

5.2.3 销连接的装配

销连接在机械中除了起连接作用外，还可起定位作用和保险作用，如图 5-4 所示。对有相互位置要求的零部件，如箱盖与箱体、箱体与床身或机体

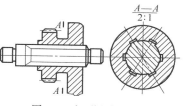

图 5-3 矩形花键连接

等，都用销来定位。销连接的结构简单，连接可靠、定位准确、装拆方便，故在各种机械装配中被广泛采用。

（1）销连接装配要点

① 要点一。销孔加工须使相配零件调好位置后，一起钻孔和铰孔（图 5-5）。

② 要点二。圆柱销孔要符合精度要求，装入前应在其表面涂以润滑油。用手锤敲入时应垫以软金属棒。装盲孔销子时，应使用

有锥尾螺纹的销子。

③ 要点三。锥孔铰削时，应与锥销试配，以销孔能插入销长的 80％～85％ 为宜（见图 5-6）。

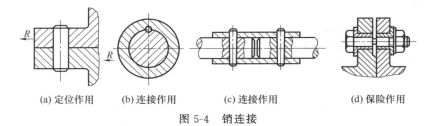

(a) 定位作用   (b) 连接作用   (c) 连接作用   (d) 保险作用

图 5-4 销连接

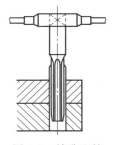

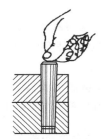

图 5-5 销孔配铰   图 5-6 用锥销试配铰孔深度

④ 要点四。开尾圆锥销敲入孔中后，将开尾扳开，以防振动时脱落。

⑤ 要点五。过盈配合的圆柱销，一经拆卸，就应更换新销子。

（2）销连接的类型及装配方法（表 5-13）

表 5-13 销连接的类型、装配及应用

类型		简图	装配方法	应用
圆柱销	普通圆柱销		与被连接件紧固在一起配钻、配铰加工，以严格控制配合精度；在用铜棒敲入时，用力要适宜	用于定位、连接，并能承受一定的剪切力

类型		简图	装配方法	应用
圆柱销	内螺纹圆柱销	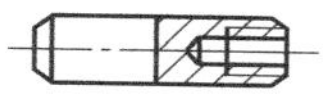	装配方法同上，内螺纹便于拔销器拔取	用于盲孔定位、连接，直径偏差 m6。分 A 型、B 型
	螺纹圆柱销	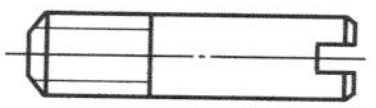	可用旋具旋入、装拆	用于定位精度不高的场合
	带孔销	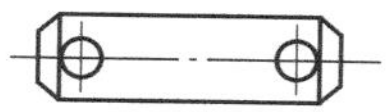	与开口销配合使用，装拆方便	用于铰接处
	弹性圆柱销		用铜棒等轻轻压入即可	用于冲击、振动场合。定位精度低，载荷大时多个销的开口处错开180°一起使用
圆锥销	普通圆锥销	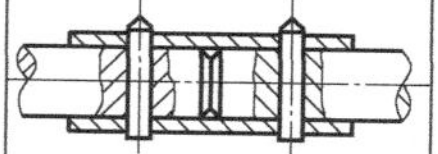		应用广泛，作为定位、固定零件、传递动力，可常拆卸
	螺尾圆锥销	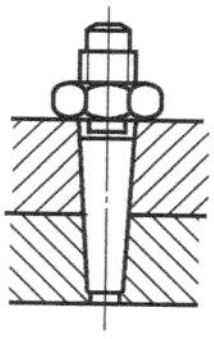	锥销以小头直径和长度来表示规格。在装配时，大端应稍露出零件表面或平齐或稍内缩；盲孔销应磨通气面，让孔底空气排出；孔铰好后用手压入 80%~85% 时应正常过盈	用于常拆卸场合
	内螺纹圆锥销	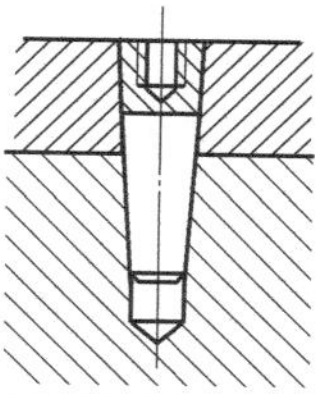		用于盲孔
	开尾圆锥销	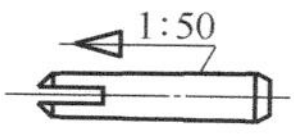		用于冲击、振动场合

类型		简图	装配方法	应用
异形销	销轴		与销孔为间隙配合,直接插入即可	用于铰接处,可用开口销锁定,拆卸方便
	开口销		装入后将尾端扳开,振动不易脱出	用于锁定其他紧固件。与槽形螺母合用,可防松并可拆卸
	槽销	(a) (b)	装配后,凹槽收缩变形,借弹性变形固定定位精度低	有多条纵槽,可多次装拆销孔不需铰制。振动场合,应用普遍
	保险销		直接接入后稍拧紧螺母即可	当传动机构出现过载的情况时,保险销可先被剪断,起安全作用

5.2.4 过盈连接的装配

过盈连接是通过包容件(孔)和被包容件(轴)配合后的过盈量来达到紧固连接的。装配后,孔、轴间的配合而产生压力,此压力产生摩擦力传递转矩、轴向力。过盈连接因结构简单、同轴度高、承载能力强、能承受变载和冲击力等特点,在装配中广泛使用,其连接表面要求较高,配合面多为圆柱、圆锥面等。

(1)过盈连接的装配技术要求

① 准确的过盈值。配合的过盈值,是按连接要求的紧固程度确定的。一般最小过盈 γ_{min} 应等于或稍大于连接所需的最小过盈。过盈太小不能满足传递转矩的要求,过盈量过大则造成装配困难。

② 配合表面应具有较小的表面粗糙度值。在此基础上,要保证配合表面的清洁。

③ 配合件应有较高的形位精度。装配中注意保持轴孔中心线同轴度，以保证装配后有较高的对中性。

④ 装配前的工作。装配前配合表面应涂抹润滑油，以免装入时擦伤表面。

⑤ 装配时，压入过程应连续。速度稳定不宜太快，通常为2~4mm/s，应准确控制压入行程。

⑥ 细长件或薄壁件的装配。须注意检查过盈量和形位偏差，装配时应垂直压入，以免变形。

（2）过盈连接的装配方法及工艺特点（表5-14）

表5-14 过盈连接的装配方法及工艺特点

装配方法		工艺特点	应用
压入法	冲击压入	用锤子、铜棒等工具，装配简便，但导向性差，易歪斜	单件生产。用于配合要求低、长度短的零件，如销、短轴等
	工具压入	用螺旋式、杠杆式、气动式压力工具等机械工具，导向性稍好，生产效率高	中小批量生产的小尺寸连接，如套筒和轴承
	压力机压入	常用机械和气动压力机、液压机等设备，配合夹具使用，可提高导向性	成批生产中的轻、中型过盈配合连接，如齿轮、齿圈等
热胀法	火焰加热	用氧-乙炔、丙烷、炭炉等加热器，热量集中，易操作，加热快，适于温度350℃以下	局部加热的中型或大型连接件
	介质加热	去污干净，在沸水槽中加热，热胀均匀，适于温度80~100℃	过盈量较小的连接件，如滚动轴承、连杆、衬套等
		蒸汽加热槽，适于温度120℃	
		热油槽，适用温度90~320℃	
	电阻或辐射加热	去污洁净，用电阻炉、红外线辐射加热器加热，温度易控制均匀，适于温度400℃以上	成批生产时，过盈较大，中小型零件
	感应加热	用感应加热器加热，生产效率高，调温方便，热效率高，适于温度400℃以上	特重型、重型过盈配合的大、中型连接件

装配方法		工艺特点		应用
冷缩法	干冰	通过干冰冷缩装置等冷却,操作简便,可至−78℃		过盈量小的小型和薄壁衬套连接
	低温箱冷缩	各种类型的低温箱	冷缩均匀,易自动控制,生产效率高,去污洁净,适于温度−41~140℃	配合精度较高或在热状态下工作的薄壁套筒连接件
	液氮或液态空气		时间短,生产率高,温度可至−190℃	过盈量大的连接件
液压套合法		装配时配合表面损伤小,可满足需多次拆装的圆锥面过盈连接要求。常用油压150~200MPa		适用于过盈量较大的大中型零件,如大型联轴器、大型凸轮轴

第6章 >>>

典型部件的拆卸与装配工艺

6.1 典型部件的拆卸

6.1.1 设备部件拆卸前的要求

1）拆卸前首先必须熟悉设备的技术资料和图纸，弄懂机械传动原理，掌握各个零部件的结构特点、装配关系以及定位销子、轴套、弹簧卡圈，锁紧螺母、锁紧螺钉与顶丝的位置和退出方向。

2）在拆卸时要想到装配，为顺利进行装配做好准备，为此在拆卸时要做到：

① 核对记号，做好记号。许多相互配合的零件，在制造时做有装配记号（如刻线、箭头、圆点、缺口、文字、字母等），拆卸时，要仔细核对和辨认。对记号不清或没有记号的，要用适当的工具（如电火花笔、油漆、刻痕等），在非工作面（非配合面）作出记号，以便装配时恢复原状。

② 合理放置，分类存放零件。要按零件的精度、大小分别存放；不同方法清洗的零件，如钢件、铸铁件、铝件、橡胶件、塑料件等，也应分开存放。

③ 同一总成或部件的零件，应集中存放在一起，并按拆卸顺

序摆放。精密重要零件应专门存放保管。

④ 易变形、易丢失的零件，如垫片等应单独存放，对于调整垫片等还应注意安装位置、数量和方向。

⑤ 存放零件应有相应的容器、位置，防止在存放过程中零件变形（特别是长零件）、碰伤、丢失等。

⑥ 拆下的螺栓、螺母等在不影响修理的情况下应装回原位，以免丢失和便于装配。

3）拆卸大型设备的零部件，应用起重设备，并拴牢、稳吊、稳放、垫好。为此在吊挂时应注意以下事项：

① 部件的挂吊点必须选择能使部件保持稳定的位置。首先应当使用原设计的挂吊位置。在没有专用挂吊装置时，应充分估计部件的重心，如图 6-1 所示，主轴箱在吊离时，应将 a、b 两处同时挂住，如果只挂 a 处或 b 处，主轴箱起吊时将发生偏转。

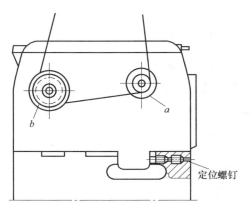

图 6-1　吊离主轴箱

② 要充分考虑拆卸过程中挂吊点的受力变化。如图 6-2 所示，拆卸 CA6140 型车床进给箱时，一般首先拆下两个定位销，接着用吊绳将箱体两端挂住，在紧固螺钉拆松之前吊绳不能挂得太紧，只要吊绳稍微受力即可。当拆卸紧固螺钉时，由于进给箱是安装在床身垂直面上的部件，其拆卸顺序应由下而上，即先拆螺钉1、2，然

后才能拆卸螺钉 3、4。如先拆螺钉 3、4，则当松开螺钉 1、2 时，即会发生如图 6-2（b）所示的情况，因其重心高于支撑点，部件会发生突然偏转，可能别坏螺钉或箱体边缘，甚至发生人身事故。对于垂直面上安装的重型部件，都应当注意这一情况。

③ 要充分估计挂吊处的强度，是否足以承受部件的重量，同时挂吊点应尽可能靠近箱壁、法兰等处，因为这些地方刚度较强。

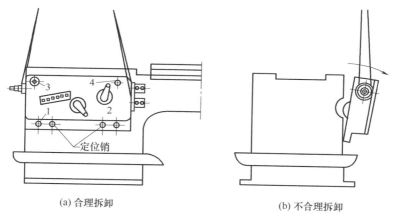

(a) 合理拆卸　　　　　　　　　　　　　(b) 不合理拆卸

图 6-2　部件拆卸

④ 部件吊离时，吊车应使用点动起吊，并用手试推部件，观察其是否完全脱离紧固装置，或被其他件挂住。如图 6-1 所示，CA6140 型车床主轴箱的定位螺钉较为隐蔽，易于漏拆，随便起吊容易发生事故。

⑤ 部件在吊运移动过程中，应保持部件接近地面的最低位置行走，一般不允许从人或机床上空越过。

⑥ 部件在吊放时，要注意强度较弱的尖角、边缘和凹凸部分，防止碰伤或压溃。

6.1.2　普通卧式车床的拆卸顺序

图 6-3 为卧式车床主要部件的拆卸顺序图，CA6140 型卧式车床的拆卸顺序可参照图 6-3 进行。

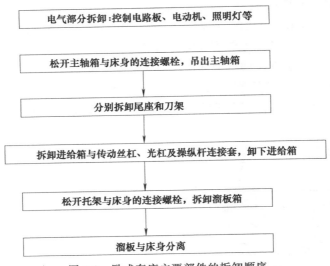

图 6-3　卧式车床主要部件的拆卸顺序

拆卸前必须熟悉车床的技术资料和图样，弄懂机械传动原理，掌握各个零部件的结构特点、装配关系以及定位销、轴套、弹簧卡圈、锁紧螺母、锁紧螺钉与紧定螺钉的位置和退出方向。

① 拆除车床上的电气元件，断开影响部件拆卸的电气接线，并注意不要损坏、丢失线头上的线号，将线头用胶布包好。

② 放出溜板箱、前床身底座油箱和残存在主轴箱、进给箱中的润滑油，拆掉润滑泵。放掉床身底座中的冷却液，拆掉冷却泵、润滑泵及冷却附件。

③ 拆除防护罩、油盘，并观察分析零部件间的联系结构。

④ 拆除部件的联系零件，如联系主轴箱与进给箱的挂轮机构，联系进给箱与溜板箱的丝杠和光杠等。

⑤ 拆除基本部件，如卡盘、尾座、主轴箱、进给箱、刀架、溜板箱和床鞍等。

⑥ 将床身与床身底座分解。

⑦ 按先外后内，先上后下的顺序，分别将各部件分解为零件。

⑧ 将各零件有顺序、有规则地逐个摆放，要尽可能地按原来

结构放置在一起。必要时,将有些零件做上记号,以免装配时发生错误而影响原有的配合性能。

6.1.3 典型部件的拆卸实例

(1)拆卸主轴箱

主轴箱的构造如图 6-4 所示,其拆卸工艺可按下列步骤进行。

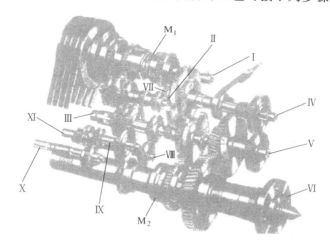

图 6-4 主轴箱的构造

M_1,M_2——离合器

① 做好拆卸前的各项准备工作,如准备拆卸用的各种工具量具、仪表和材料等。

② 检查主轴箱工作情况:检查噪声、振动和轴承温度。

③ 检查离合器与主轴变速操纵机构。

④ 检查主轴回转精度。

⑤ 检查主轴轴向窜动。

⑥ 检查轴尖支承的跳动。

⑦ 检查定心轴颈的径向跳动。

⑧ 检查主轴间隙。

⑨ 床头箱的拆卸清洗:放完主轴箱中机油。

⑩ 松开带轮上的固定螺母，拆下带轮。

⑪ 拆下主轴箱盖。

⑫ 拆润滑机构和变速操纵机构

a. 松开各油管螺母；

b. 拆下过滤器；

c. 拆下单向油泵；

d. 拆下变速操纵机构。

⑬ 拆卸 I 轴

a. 放松正车摩擦片（减少压环元宝键的摩擦力）；

b. 松开箱体轴承座固定螺钉；

c. 装上紧定螺钉，用扳手上紧紧定螺钉；

d. 取下 I 轴和 I 轴承座。

⑭ 拆卸 II 轴

a. 先拆下压盖，后拆下轴上卡环；

b. 采用拔销器拆卸 II 轴；

c. 取出 II 轴零件与齿轮。

⑮ 拆卸 IV 轴的拨叉轴

a. 松开拨叉固定螺母；

b. 用拔销器拔出定位销；

c. 松开轴上固定螺钉；

d. 采用铝棒敲出拨叉轴；

e. 将拨叉和各零件拿出。

⑯ 拆卸 IV 轴

a. 松开制动钢带；

b. 松开 IV 轴位于压盖上的螺钉，卸下调整螺母；

c. 用拔销器拔出前盖，再拆下后端盖；

d. 拆卸 IV 轴左端拨叉机构紧固螺母，取出螺孔中定位钢珠和弹簧；

e. 用机械法垫上铝棒将拨叉轴和拨叉、轴承卸下（将零件套好放置）；

f. 用卡环钳松开两端卡环；

g. 用机械法拆下Ⅳ轴，将各零件放置在油槽中。

⑰ 拆卸Ⅲ轴：用拔销器直接取出Ⅲ轴，再取出各零件。

⑱ 拆卸主轴（Ⅵ轴）

a. 拆下后盖，松下紧定螺钉，拆下后螺母；

b. 拆下前法兰盘；

c. 在主轴前端装入拉力器，将轴上卡环取出后将主轴——取出放入油槽中，竖直放好主轴。

⑲ 拆卸Ⅴ轴

a. 拆下Ⅴ轴前端盖，再取出油盖；

b. 用机械法垫上铝棒将Ⅴ轴从前端拆出；

c. 将Ⅴ轴各零件放入油槽中。

⑳ 拆卸正常螺距机构

a. 用销子冲拆下手柄上销子，取下前手柄；

b. 用螺钉旋具拆下后手柄紧定螺钉，再拆下后手柄；

c. 取出箱体中的拨叉。

㉑ 拆卸增大螺距机构

a. 用销子冲拆下手柄上销子，后拆下手柄；

b. 在主轴后端用机械法拆出手柄轴；

c. 抽出轴和拨叉并套好放置。

㉒ 拆卸主轴变速机构

a. 拆下变速手柄冲子，用螺钉旋具松开顶丝，拆下手柄；

b. 卸下变速盘上螺钉，拆下变速盘；

c. 拆下螺钉取出压板，卸下顶端齿轮，套好零件放置。

㉓ 拆卸Ⅶ轴：

a. 将Ⅶ轴上挂轮箱拆下，并取下各齿轮；

b. 用内六方扳手卸下固定螺钉，取下挂轮箱；

c. 拧松Ⅶ轴紧固螺钉；

d. 用机械法垫上铝棒将Ⅶ轴取出；

e. 将Ⅶ轴及各齿轮放置在一起。

㉔ 拆卸轴承外环

a. 拆下主轴后轴承，拧下螺钉取下法兰盘和后轴承；

b. 依次取出各轴承外环（注意不要损伤各轴承孔）。

㉕ 分解Ⅰ轴

a. 将Ⅰ轴竖直放在木板上，利用惯性拆下尾座与轴承；

b. 用销子冲拆下元宝键上销子，取出元宝键和轴套；

c. 再用惯性法拆下另一端轴承，退出反车离合器、齿轮套、摩擦片；

d. 拆除花键一端轴套、双联齿轮套、锁片和正车摩擦片；

e. 拨开正反车调整螺母，用冲子冲出销子取出拉杆，竖起轴，用铝棒将滑套和调整螺母取下。

注意：要将各零件分组摆放整齐，较小零件妥善保管避免丢失。

㉖ 拆下主轴箱中其他零件

a. 拆下主轴拨叉和拨叉轴；

b. 拆下刹车带；

c. 拆下扇形齿轮；

d. 拆下轴前定位片和定位套；

e. 拆下离合器拨叉轴，拆下正反车变向齿轮。

㉗ 清洗和检验各零件。

（2）拆卸挂轮箱

挂轮箱的结构如图 6-5 所示，依据挂轮箱的结构，采用由外到内的拆卸方法逐步把每个零部件拆卸下来，步骤如下。

① 拆卸防护罩　防护罩在车床上起防护的作用，保护带轮正常运转。防护罩由螺栓连接，所以只需要利用扳手就可以拆卸。但是在拆卸的时候需要注意螺栓拆卸完后，防止防护罩落下来砸到人。

② 拆卸传动带　将一字螺钉旋具插入带轮的槽内，把传动带的位置撬到向外"跑"的趋势，然后启动带轮，传动带就会向着起刀的方向跑，这样转完一圈后传动带就可以拆卸下来。

③ 拆卸带轮　由于带轮是由螺栓固定的，所以可利用扳手把它的螺栓拆卸松。拆卸时需要注意用扳手捉着带轮，以防止螺栓拆卸后，落下来砸到人或零件。

④ 拆卸箱体外壳　箱体外壳与内壳组成了一个让操作机构运动的空间，同时也保障了润滑条件，它也由螺栓连接，应用内六角扳手拆卸。在拆卸过程中要注意过多润滑油滴漏。

⑤ 拆卸双联齿轮 c　双联齿

图 6-5　挂轮箱

轮 c 由键连接在进给箱的轴上，所以在拆卸时需要注意用锤敲击铜棒把它拆卸下来或者利用拔轮器拔下来。锤击时需要注意用力和改变方向锤击。

⑥ 拆卸双联齿轮 b　双联齿轮 b 与挂件相连接组成一个整体部件，为了减轻挂件的重量，先拆卸齿轮 b。

⑦ 拆卸双联齿轮 a　双联齿轮 a 与主轴箱的第三根轴相连接，所以利用锤击和拉拔的办法进行拆卸。

⑧ 拆卸法兰　法兰主要用于固定挂件的横向摆动，由内六角螺栓固定，只需要利用内扳手即可将其拆卸下来。

⑨ 拆卸挂件　挂件与主轴箱的第三根轴配合，同时还和内壳上的一颗螺栓相连接。所以只需要把内壳上的螺母拆掉就可以拆卸挂件了。

⑩ 拆卸内壳　内壳与主轴箱通过螺栓连接，所以只需要用内角扳手就可以拆卸。但是需要注意的是在拆卸时需要防止它落下来砸到人。

⑪ 拆卸主轴第三根轴上的轴承和齿轮，依然可按照上述的方法拆下来。

⑫ 拆卸主轴箱第二根轴上的轴承和齿轮。

所有零件拆卸完毕之后，采用人工清洗法把齿轮、轴放在盛有清洗剂的盆中，用毛刷仔细刷洗零件表面，然后再进行检测分类。

（3）拆卸溜板箱

溜板箱的结构如图 6-6 所示。

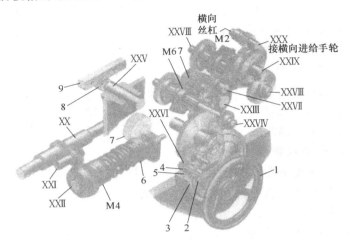

图 6-6　溜板箱结构示意图

1—手轮；2—固定销；3—端盖；4—轴；5—箱体；
6—弹簧；7—蜗轮；8—齿轮；9—齿条

① 溜板箱拆装顺序

a. 拆下三杠支架，取出丝杠、光杠、锥销及操纵杠、螺钉，抽出三杠，取出溜板箱定位锥销，旋下内六角螺栓，取下溜板箱。

b. 开合螺母机构。开合螺母由上、下两个半螺母组成，装在溜板箱体后壁的燕尾形导轨中，开合螺母背面有两个圆柱销，其伸出端分别嵌在槽盘的两条曲线中，转动手柄，开合螺母可上下移动，实现与丝杠的啮合、脱开。拆下手柄上的锥销，取下手柄；旋松燕尾槽上的两个调整螺钉，取下导向板，取下开合螺母，抽出轴等。

c. 纵向、横向机动进给操纵机构。纵向、横向机动进给动力的接通、断开及其变向由一个手柄集中操纵，且手柄扳动方向与刀架运动方向一致，使用比较方便。

· 旋下十字手柄、护罩等，旋下 M6 紧定螺钉，取下套，抽出操纵杆，抽出锥销，抽出拨叉轴，取出纵向、横向两个拨叉（观察纵向、横向的动作原理）。

· 取下溜板箱两侧护盖、M8 沉头螺钉，取下护盖，取下两牙嵌式离合器轴，拿出齿轴及铜套等。

· 旋下蜗轮轴上螺钉，打出蜗轮轴，取出蜗轮等。

· 旋下快速电动机螺钉，取下快速电动机。

· 旋下蜗杆轴端盖、内六角螺钉，取下端盖，抽出蜗杆轴。

d. 蜗轮轴上装有超越离合器、安全离合器，通过拆装讲解及教具理解两离合器的作用。

· 拆下轴承，取下定位套，取下超越离合器、安全离合器等。

· 打开超越离合器定位套，取下齿轮等，观看内部动作，理解动作原理。

· 照实物讲解安全离合器原理。

e. 旋下横向进给手轮螺母，取下手轮，旋下进给标尺轮内六角螺栓，取下标尺轮。取出齿轮轴连接锥销，打出齿轮轴，取下齿轮轴。

② 溜板箱拆卸注意事项

a. 看懂结构再动手拆，并按先外后里，先易后难，先下后上顺序拆卸。

b. 先拆紧固件、连接件、限位件（紧定螺钉、销钉、卡圆、衬套等）。

c. 拆前看清组合件的方向、位置排列等，以免装配时搞错。

d. 拆下的零件要有秩序地摆放整齐，做到键归槽、钉插孔、滚珠丝杠盒内装。

e. 注意安全，拆卸时要注意防止箱体倾倒或掉下，拆下零件要往桌案里边放，以免掉下砸人。

f. 拆卸零件时，不准用铁锤猛砸，当拆不下或装不上时不要硬来，分析原因（看图）搞清楚后再拆装。

g. 在扳动手柄观察传动时不要将手伸入传动件中，防止挤伤。

（4）拆卸尾座

尾座拆卸可按下列步骤进行（见图6-7）。

① 拆顶尖套锁紧装置：逆时针旋转手柄16，直到下套筒开合螺母12完全掉下来为止→然后将手柄16同螺杆15及销钉一起拔出→之后可以用一根长螺杆从下往上穿过中间的孔取出上套筒开合螺母13→最后将销钉打出来即可分离手柄16和螺杆15，见图6-7（a）。

② 拆顶尖套及其驱动机构：旋转手轮1顶卸出后顶尖14→拧下端盖20上的螺钉将顶尖套及其驱动机构整个取出来（可轻轻敲顶尖套17左端）→然后将手轮1从丝杠2中拆下来→取下端盖20和止推轴承，拧下套筒端盖，取出顶尖套17→最后从丝杠2上旋下螺母18即可，见图6-7（b）。

③ 拆尾座紧固机构：拆夹紧螺栓组合9→拆拉杆螺栓6上的螺母垫圈等，取下拉杆7→拆下紧固手柄19→拆销3，取下拉杆螺栓6→拆压紧螺栓组合8→取下压板10，见图6-7（c）。

④ 拆尾座基体并将尾座从床身导轨上卸下：完全松开基座上的调整螺钉11（两边）→取下尾座体4→最后取下尾座底板5。

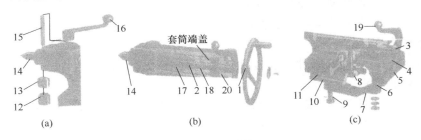

图6-7 尾座拆卸

1—手轮；2—丝杠；3—销；4—尾座体；5—尾座底板；6—拉杆螺栓；7—拉杆；
8—压紧螺栓组合；9—夹紧螺栓组合；10—压板；11—螺钉；12—下套筒开
合螺母；13—上套筒开合螺母；14—后顶尖；15—螺杆；16—手柄；
17—顶尖套；18—螺母；19—紧固手柄；20—端盖

6.2 典型部件的装配

6.2.1 齿轮与轴的装配

　　齿轮与轴的连接形式有固定连接、空套连接和滑动连接三种。固定连接主要有键连接、螺栓法兰盘连接和固定铆接等；滑动连接主要采用的是花键连接（传递转矩较小时也可采用滑键连接）。其装配工艺可按下列步骤进行。

　　① 清除齿轮与轴配合面上的污物和毛刺。

　　② 对于采用固定键连接的，应根据键槽尺寸，认真锉配键，使之达到键连接要求。

　　③ 清洗并擦干净配合面，涂润滑油后将齿轮装配到轴上。

　　a. 当齿轮和轴是滑移连接时，装配后的齿轮轴上不得有晃动现象，滑移时不应有阻滞和卡死现象；滑移量及定位要准确，齿轮啮合错位量不得超过规定值，见图 6-8。

　　b. 对于过盈量不大或过渡配合的齿轮与轴的装配，可采用锤击法或专用工具压入法将齿轮装配到轴上，见图 6-9。

　　c. 对于过盈量较大的齿轮固定连接的装配，应采用温差法，即通过加热齿轮（或冷却轴颈）的方法，将齿轮装配到规定的位置。

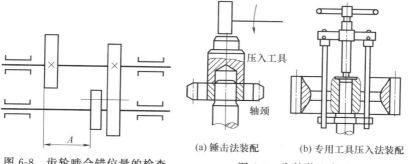

图 6-8　齿轮啮合错位量的检查

(a) 锤击法装配　　(b) 专用工具压入法装配

图 6-9　齿轮装配方法

d. 当齿轮用法兰盘和轴固定连接时，装配齿轮和法兰盘后必须将螺钉紧固；采用固定铆接方法时，齿轮装配后必须用铆钉铆接牢固。

④ 对于精度要求较高的齿轮与轴的装配，齿轮装配后必须对其装配精度进行严格检查，检查方法如下。

a. 直接观察法检查。用该法检查齿轮在轴上的安装误差，如装配后不同轴，见图 6-10（a）；装配后齿轮歪斜（垂直度超差），见图 6-10（b）；装配后齿轮位置不对（轴肩未贴紧），见图 6-10（c）。

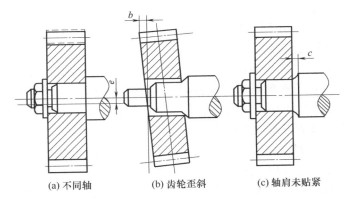

(a) 不同轴   (b) 齿轮歪斜   (c) 轴肩未贴紧

图 6-10　齿轮在轴上的安装误差

b. 齿轮径向圆跳动检查。装配后的齿轮轴支撑在检验平板上的两个 V 形架上，使轴与检验平板平行。把圆柱规放到齿轮槽内，使百分表测头触及圆柱规的最高点，测出百分表的读数值。然后转动齿轮，每隔 3～4 个齿检查一次，转动齿轮一周，百分表的最大读数与最小计数之差，即为齿轮分度圆的径向圆跳动误差，见图 6-11。

齿轮端面圆跳动检查。将齿轮轴支顶在检验平台（平板）上两顶尖之间，将百分表触头抵在齿轮的端面上（应尽量靠近外缘处），转动齿轮一周，百分表最大读数与最小读数之差，即为齿轮端面圆

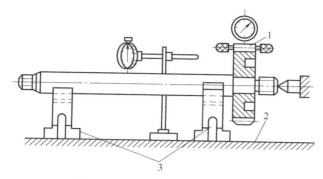

图 6-11　齿轮径向圆跳动的检查

1—圆柱规；2—检验平板；3—V 形架

跳动误差，见图 6-12。

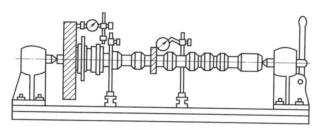

图 6-12　齿轮端面圆跳动的检查

6.2.2　双向多片式摩擦离合器的装配

双向多片式摩擦离合器如图 6-13，其安装步骤如下。

① 安装前清除各零件的污物和毛刺。

② 将花键套 6 套在花键轴 4 上，拉杆 7 装入花键轴 4 的内孔中，并用销子将花键套 6、花键轴 4、拉杆 7 连接固定。

③ 在花键套 6 上装上定位销，并旋入两个调整螺母 5，并注意调整螺母的缺口相对。

④ 在花键轴 4 上，花键套左右两侧分别装入 8 组（正转）和 4 组（反转）相间排叠的外摩擦片 2 和内摩擦片 3，注意外摩擦片的

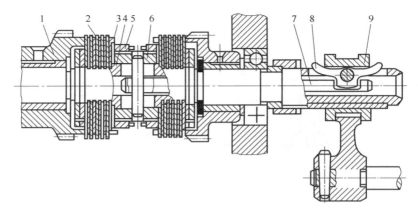

图 6-13　双向多片式摩擦离合器

1—套筒齿轮；2—外摩擦片；3—内摩擦片；4—花键轴；5—调整螺母；6—花键套；

7—拉杆；8—摆块；9—滑环

凸缘对齐。

⑤ 分别将套筒齿轮 1 套入两组内、外摩擦片上，并固定在花键轴上。

⑥ 花键轴两侧装入轴承，把整个部件装入箱体。

6.2.3　主轴轴组的装配

（1）主轴轴组的装配顺序

图 6-14 所示为 CA6140 型卧式车床主轴轴组，装配过程及顺序如下：

① 将阻尼套筒 5 的外套和双列圆柱滚子轴承 4 的外圈及前轴承端盖 3 装入主轴箱体前轴承孔中，并用螺钉将前轴承端盖固定在箱体上。

② 把主轴分组件（由主轴 1、密封套 2、双列圆柱滚子轴承 4 的内圈及阻尼套筒 5 的内套组装而成）从主轴箱前轴承孔中穿入。在此过程中，从箱体上面依次将螺母 6、垫圈 7、齿轮 8、衬套 9、开口垫圈 10、齿轮 11、开口垫圈 12、键、齿轮 13、开口垫圈 14、

垫圈 15、推力球轴承 16 装在主轴 1 上，并将主轴安装至要求的位置。适当顶紧螺母 6，防止轴承内圈因转动改变方向。

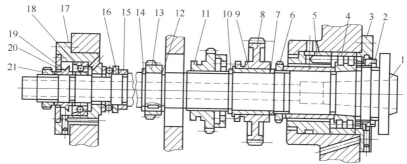

图 6-14　卧式车床（CA6140）主轴轴组

1—主轴；2—密封套；3—前轴承端盖；4—双列圆柱滚子轴承；5—阻尼套筒；

6,21—螺母；7,15—垫圈；8,11,13—齿轮；9—衬套；10,12,14—开口垫圈；

16—推力球轴承；17—后轴承壳体；18—角接触球轴承；

19—锥形密封套；20—盖板

③ 从箱体后端，将后轴承壳体系分组件（由后轴承壳体 17 和角接触球轴承 18 的内圈组装而成）装入箱体，并拧紧螺钉。

④ 将角接触球轴承 18 的内圈按定向装配法装在主轴上，敲击时用力不要过大，以免主轴移动。

⑤ 依次装入锥形密封套 19、盖板 20、螺母 21 并拧紧所有螺钉。

⑥ 对装配情况进行全面检查，以防止遗漏和错装。装配轴承内圈时，应先检查其内锥面与主轴锥面的接触面积，一般应大于50％。如果锥面接触不良，收紧轴承时，会使轴承内滚道发生变形，破坏轴承精度，降低轴承使用寿命。

（2）主轴轴组的精度检验

① 主轴径向跳动（径向圆跳动）的检验如图 6-15（a）所示，在锥孔中紧密地插入一根锥柄检验棒，将百分表固定在机床上，使百分表测头顶在检验表面上，旋转主轴，分别在靠近主轴端部的 a 点和距 a 点 300mm 远的 b 点检验。a、b 点的误差分别计算，主轴

转一周，百分表读数的最大差值就是主轴的径向跳动误差。为了避免锥柄检验配合不良的影响，拔出检验棒，相对主轴旋转90°，重新插入主轴锥孔内，依次重复检验4次，4次测量结果的平均值为主轴的径向跳动误差。主轴径向跳动量也可按图6-15（b）所示直接测量主轴定位轴颈。主轴旋转一周，百分表的读数差值为径向跳动误差。

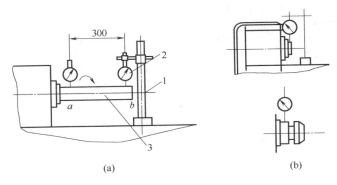

(a)　　　　　　　　　　　(b)

图 6-15　主轴径向跳动的测量

1—磁力表座；2—百分表；3—锥柄检验棒

② 主轴轴向窜动（端面圆跳动）的检验如图 6-16 所示，在主轴锥孔中紧密地插入一根锥柄检验棒，中心孔中装入钢球（钢球用黄油黏上），百分表固定在床身上，使百分表测头顶在钢球上。旋转主轴检查，百分表读数的最大差值，就是轴向窜动误差值。

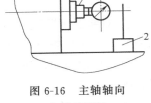

图 6-16　主轴轴向
窜动的测量

1—锥柄检验棒；2—磁力表架

6.2.4　蜗轮、蜗杆传动机械装配

（1）蜗轮、蜗杆传动类型

在空间交错轴间传递动力和运动，最常用交错角为 90°的蜗杆传动。按蜗杆形状不同，可分为如图 6-17 所示的三种蜗杆传动：

圆柱蜗杆传动、弧面蜗杆传动和锥蜗杆传动。

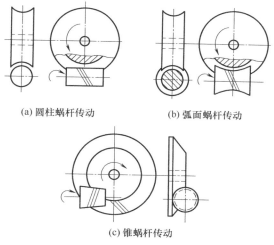

(a) 圆柱蜗杆传动   (b) 弧面蜗杆传动

(c) 锥蜗杆传动

图 6-17　蜗杆传动的类型

（2）蜗轮、蜗杆装配前的准备工作

① 首先对零件进行清洗，并按图样核对零件的几何形状、尺寸、精度及表面粗糙度。清理好的零件应摆放好并加以覆盖，以防止灰尘污染。

② 轮和轴配合面在压入之前，应涂抹润滑油。

③ 在闭式蜗杆传动中，箱体孔的中心距和轴心线间的夹角直接影响装配质量，装配之前应进行严格检查。中心距可按图 6-18 所示的方法进行检验，即分别将测量芯轴 1 和 2 插入箱体孔内，箱体用三个千斤顶支撑在平板上，调整千斤顶使其中某一芯轴与平板平行，然后分别测量两芯轴至平板的距离，则可测出中心距 A，其偏差应在表 6-1 规

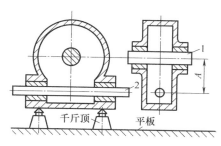

千斤顶　　平板

图 6-18　蜗杆与蜗轮箱体孔中心距检验

定的范围内。

表 6-1　蜗杆和蜗轮中心距允许偏差　　　单位：mm

精度等级	中　心　距					
	<40	40～80	80～160	160～320	320～630	630～1250
7	±0.030	±0.042	±0.055	±0.070	±0.085	±0.110
8	±0.048	±0.085	±0.090	±0.110	±0.130	±0.180
9	±0.075	±0.105	±0.140	±0.180	±0.210	±0.280

两轴心线的垂直度误差可按图 6-19 所示的方法进行检验。分别将测量芯轴 1 和 2 插入箱体孔中，并在芯轴的一端套一个千分表架，用螺钉固定，然后旋转芯轴 1，使千分表在芯轴 2 的两端得到两个读数差为 δ，设蜗轮齿宽为 b，测量点距离为 L，则两轴心线垂直度偏差在蜗轮齿宽上以长度度量的扭斜度。

④ 选择合理的装配方法，并备好合适的装配工具。

（3）蜗轮、蜗杆装配程序

① 应先将蜗轮的齿圈压装在轮毂上，并进行紧固。

② 将蜗轮装在轴上，其安装和检验方法、质量要求与圆柱齿轮相同。

③ 把蜗杆和蜗轮轴安装就位。对闭式传动的蜗轮和蜗杆，其具体安装顺序按其结构特点不同，有的可先装蜗轮后再装蜗杆，有的则是相反。但一般情况下，都是先安装蜗轮后安装蜗杆。

（4）装配后的检查和调整

① 蜗轮中间平面偏移量的检查，其方法一般是：

a. 样板检查法。如图 6-20 中所示，即将样板的一边分别紧靠在蜗轮两侧的端面上，然后用塞尺测量样板和蜗杆之间的间隙 a，两侧的间隙差值即为蜗杆中间平面的偏移量。

b. 拉线检查法。用一根线挂在蜗轮轴上，然后分别测量拉线与蜗轮两端面的间隙 a，两侧的间隙差值即为蜗轮中间平面的偏移量。所测得偏移量应符合规定范围，若大于规定范围应予以调整，一般调整蜗轮的轴向位置。

② 啮合侧间隙的检查。检查方法应根据蜗杆的传动特点进行，测量啮合侧间隙无论是采用塞尺法测量，还是压铅法测量，都有一定的困难，所以一般可以采用千分表测量。如图 6-21（a）所示，在蜗杆轴上固定一个带有量角器的刻度盘 2，把千分表的测量尖顶在蜗轮齿面上，用手转动蜗杆，在千分表指针不动的条件下，用刻度盘相对于固定指针 1 的最大转角来判断间隙大小。如用千分表测量尖直接与蜗轮齿面接触有困难时，可以在蜗轮轴上装一个测量杆，如图 6-21（b）所示。

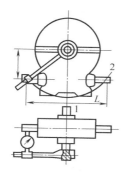

图 6-19　轴心线的垂直度
1,2—芯轴

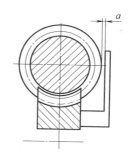

图 6-20　样板测量法

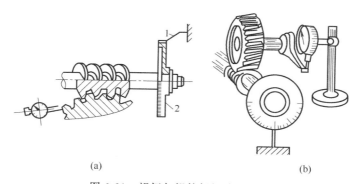

(a)

(b)

图 6-21　蜗杆与蜗轮侧间隙的检查
1—固定指针；2—刻度盘

③ 啮合接触面的检查调整。蜗杆和蜗轮啮合接触面的检查方法一般是采用抹色法，即将红丹油涂于蜗杠螺旋面上，转动蜗杆并根据蜗轮齿面上的色痕来判断啮合质量。啮合接触面的正确位置应如图 6-22（a）所示。如果出现图 6-22（b）、（c）所示时，则应调整蜗轮的轴向位置。

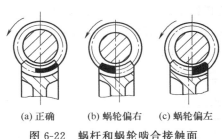

(a) 正确　　　(b) 蜗轮偏右　　(c) 蜗轮偏左

图 6-22　蜗杆和蜗轮啮合接触面

④ 转动灵活性检查。装配后的蜗轮传动机构，还需要检查其灵活性，当蜗杆在任何位置上，所需要的转动力应基本相等。

（5）注意事项

蜗轮、蜗杆在进行装配时，首先要保持其间隙和接触面积，这就要求对所安装箱体的孔距进行严格的检查，尤其是异面的垂直度精度和轴线距离。在通常的情况下，轴线的距离不宜取尺寸的下限。由于该机构的传动有摩擦的作用，在运转的过程中会有大量的热，所以装配时一定要保障有良好的润滑，而且装配好后机构的润滑油液面最少要浸过蜗轮直径尺寸的三分之一。

第 7 章 >>>

典型设备的总装配

将预先装好的部件、组件和一些零件结合成为完整产品的过程，称为总装配。

>7.1　总装配的任务

总装配的任务包括零件与部件的连接、部件与部件的连接，以及在连接工程中，部件与部件相对位置的校正，部件与基面（如机座或床身等的导轨）相对位置的调整和校正等。在各部件的装配位置确定以后，进行钻孔、攻螺纹，铰销孔及总体性的连接和装配工作。

>7.2　总装配的组织形式

根据产品的复杂程度和批量，总装配的组织形式一般分为以下两种。

① 分组法　指对所装配的产品，从总装配、调整、空车试验、负荷试验、精度检验直至成品为止，完全由一个装配小组负责到底。此种形式，当装配工作量较大时，装配的周期较长，影响装配场地的周转，并且每个装配小组都要配备一套工具和工艺装备，很不经济。因此，分组法一般常用于单件、小批量生产中。

② 分工序法 又称为流水作业法，它是由几个人组成一个小组专门装配产品的某一工序（包括几个部件），各工序间又按照工艺过程组成流水作业线。这种组织形式比采用分组法装配速度快，周期短，并且可减少工艺装备的需要量。

分工序法是一种比较完善的组织形式，有利于采用机械化、自动化的输送方式（如辊道、输送带、传动链、回转工作台、机械手等），因此，常用于大批量的生产中。

▶ 7.3　总装配的步骤

① 装配前应熟悉装配图和有关技术文件，了解所装机械的用途、构造、工作原理、各零部件的作用、相互关系、连接方法及有关技术要求，掌握装配工作的各项技术规范。

② 准备好所需的各种物料（如铜皮、铁皮、保险垫片、弹簧垫圈、止动铁丝等）和必要的工艺装备。所有皮质油封在装配前必须浸入加热至 66℃ 的机油和煤油各半的混合液中浸泡 5～8min；橡胶油封应在摩擦部分涂上齿轮油。

③ 检查零部件的加工质量及其在搬运和堆放过程中是否有变形和碰伤，并根据需要进行适当的修整。

④ 所有的耦合件和不能互换的零件，要按照拆卸、维修或制造时所作的记号妥善摆放，以便成对成套地进行装配。

⑤ 装配前，对零件进行彻底清洗，因为任何脏物或灰尘都会引起严重的磨损。

⑥ 装配前应先确定基准。由于所有零部件的装配位置和几何精度均以此为准，所以基准应当是较好的基准件，并具有稳定的基准要素。普通车床的装配基准大部分是床身的导轨面。

⑦ 总装配前应遵循先内后外，先下后上，先难后易，先重大后轻小，先精密后一般的装配原则，确定好装配顺序。图 7-1 为卧式车床总装配的单元系统图。CA6140 车床的总装配可参照图 7-1 安排好作业顺序。

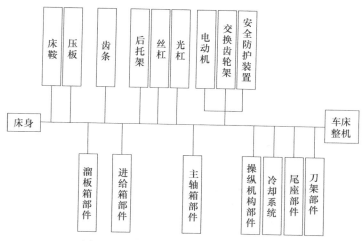

图 7-1　卧式车床总装配的单元系统图

⑧ 总装配完成后，应对机床进行性能调整工作，调整各零件、机构间的相互位置、配合间隙和结合程度等，目的是使各机械工作协调。

⑨ 校验和试车，试验设备运输的灵活性、振动、工作温升、噪声、转速、功率等性能指标是否符合技术要求。

⑩ 装配后的整理与修饰　机械设备装配、调试完毕后，进行整理与修饰，其主要工作包括各种门、盖、罩和指示牌的安装及整机的表面修饰等。修饰的目的是防止设备表面锈蚀，使外观美观，设备外表面的修饰，就是在不加工表面涂漆，在加工表面涂防锈油。

7.4　总装配实例

虽然，机床的种类不同，构造也不相同，但是其装配工艺和过程是基本相同的，本节我们将重点讲述 CA6140 型普通车床的总装配工艺。

卧式车床的总装配，包括部件与部件的连接、零件与部件的连接、连接过程中相对位置的调整或修正，以达到规定的精度和使用性能要求的整个工艺过程。装配和调整质量的好坏，直接影响着机床的性能。

CA6140 型卧式车床主要有：床身、床鞍、主轴箱、进给箱、溜板箱、尾座、刀座等部件（如图 7-2 所示）。

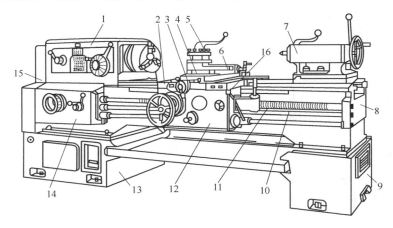

图 7-2　CA6140 型卧式车床的组成

1—主轴箱；2—床鞍；3—中滑板；4—转盘；5—方刀架；6—小滑板；7—尾座；
8—床身；9—右床脚；10—光杠；11—丝杠；12—溜板箱；13—左床脚；
14—进给箱；15—交换齿轮架；16—操纵手柄

根据图 7-1 车床总装配的工艺，即按单元系统图的顺号进行组装。

7.4.1　床鞍与床身的拼装工艺

（1）床身的安装（见图 7-3）

① 将床身与床脚结合面的毛刺清除并将锐边倒钝，在结合面间装入 1～2mm 厚纸垫，并涂上密封胶，以防止漏油，装上紧固螺钉。

② 在床身下面安放调整垫铁，应使整个床身搁置稳定。用水平仪调整机床的安装位置，使其处于自然水平状态。

③ 检查床身导轨的直线度误差和两导轨的平行度误差，若不符合要求，则应重新调整。

（2）床鞍与床身的配刮（见图 7-4）

① 以床身平导轨和 V 形导轨为基准，配刮床鞍配合表面，应使其两端接触点在每 25mm×25mm 的面积内有 12 点以上，逐步过渡到中间有 8 点以上。

② 床鞍上、下导轨面的垂直度误差应不超过 0.02mm/300mm。

③ 若测量结果不符合要求，则须认定方向，对角刮削床鞍 V 形导轨（平导轨不刮，等垂直度达到要求后，再研点刮削以达到要求）。

（3）检查床鞍的溜板安装面（见图 7-5）

① 溜板箱安装面与进给箱安装面的垂直度误差，要求在每 100mm 长度内不大于 0.03mm。

② 溜板箱安装面与床身导轨的平行度误差，要求在全长内不超过 0.06mm。

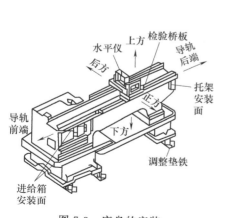

图 7-3　床身的安装

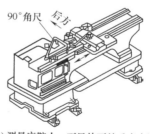

(a) 测量床鞍上、下导轨面的垂直度误差

(b) 床鞍的垂直度误差

图 7-4　床鞍与床身的配刮

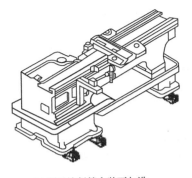
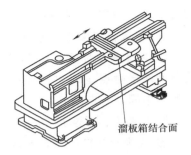

溜板箱结合面

(a) 测量溜板箱安装面与进
给箱安装面的垂直度

(b) 测量溜板箱与床
身导轨的平行度

图 7-5　检查床鞍的溜板安装面

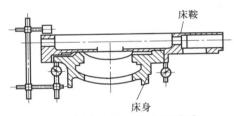

床鞍

床身

(a) 检查床身上、下导轨的平行度

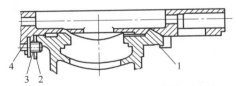

4　3　2

1

(b) 床鞍与两侧压板的结构

图 7-6　拼装床鞍与床身

1—内侧压板；2—调整螺钉；3—镶条；4—内侧压板

（4）拼装床鞍与床身（见图7-6）

① 检查床身上、下导轨的平行度，要求 0.02mm/300mm，0.04mm/全长。

② 配刮内侧衬板，要求刮研点在每 25mm×25mm 的面积内

不少于 6 点。

③ 安装内侧压板，要求床鞍在全部行程上滑动平衡，用 0.03mm 塞尺检验，插入深度不得大于 20mm。

④ 安装外侧压板，用调整螺钉调整镶条与下导轨之间的间隙要求同③。

7.4.2　齿条的装配工艺

（1）对齿条的要求

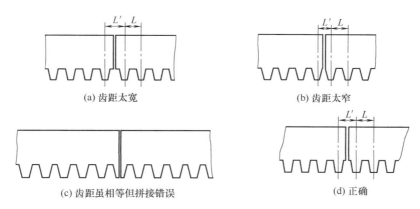

(a) 齿距太宽

(b) 齿距太窄

(c) 齿距虽相等但拼接错误

(d) 正确

图 7-7　齿条拼接的几种情况

装配时，由于车床床身上须拼装多根齿条，而每根齿条的两端部分须再进行加工，才能使溜板箱内与齿条相啮合的齿轮在经过拼接处时，其啮合要求和精度都和其他啮合部位时一样，不应产生过大或过小的间隙。图 7-7 所示为齿条拼接的几种情况。前三种都不符合要求，只有最后形式是正确的。

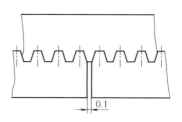

图 7-8　用三根齿条啮合测量间隙

对不符合要求的齿条，可在齿条端部划线，然后通过铣削或刨削方法将多余部分切除。加工后将两齿条齿槽向上放在平板上，用第三根齿条同时啮合这两根齿条，如图 7-8 所示。要求两齿条端面间有 0.1mm 左右的间隙。

（2）齿条的装配

1）测量齿条的安装位置（见图 7-9）

① 用夹具把溜板箱试装在床鞍的装配位置。

② 塞入齿条，与溜板箱内齿轮相啮合。

③ 用塞尺测出齿条顶面与床身下导轨面之间的距离。

④ 塞尺厚度减去 0.08mm 即为垫片厚度（使齿条与齿轮间的啮合间隙为 0.08mm）。

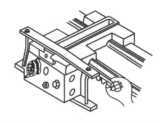

图 7-9　测量齿条的安装位置

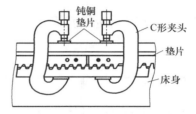

图 7-10　确定齿条的安装位置

2）确定齿条的安装位置（见图 7-10）

① 用两只 C 形夹头将齿条夹持在床身上，中间放入配磨垫片。

② 安装时，要用第三根齿条与两根齿条啮合，来确定其接装距离。

③ 齿条位置确定后，用划针划出螺孔位置，然后拆下 C 形夹头和齿条。

3）钻孔、攻螺纹

① 在已划出螺孔位置找出螺孔中心，用样冲打样冲眼。

② 钻出螺纹底孔，用丝锥攻出螺纹。

4）安装齿条并定位

① 装上全部齿条。

② 移动床鞍和溜板箱，再在全行程上检查齿条与齿轮的啮合

间隙。

③ 检查合格后，拧紧螺钉，根据齿条上的定位孔，在床身上钻、铰锥孔，装上定位销。

7.4.3　进给箱、溜板箱和托架的装配

进给箱、溜板箱和托架在装配时的相对位置，应保证使丝杠两端支承孔的轴线和开合螺母的轴线对床身导轨的等距误差小于 0.15mm。装配时，因进给箱和托架在床身相应位置处尚未加工出螺孔，须用 C 形夹头夹持在床身上。溜板箱顶面同样没有螺孔，要用前述夹具将其装在床鞍底部，然后通过测量调整，来确定其装配位置。用检验工具和百分表分别在检验棒 I、II、III 的上母线和侧母线方向进行测量调整，其装配步骤如下：

（1）安装溜板箱（见图 7-11）

① 用装配夹具把溜板箱初步安装在装配位置，在开合螺母处夹持一根螺纹检验棒。

② 在床身检验桥板上，用磁性表座固定百分表，分别在溜板箱两端校正检验棒的上、侧母线与床身导轨的平行度误差。

③ 调整溜板箱位置，使平行度误差值均在 0.15mm 以内。

（2）确定溜板箱的纵向位置

① 应保证溜板箱齿轮与横向进给丝杠上的传动齿轮具有正确的啮合间隙。

② 将一张厚度为 0.08mm 的纸放在齿轮啮合处，转动齿轮使印痕呈现将断不断的状态时，即为齿轮间有正常侧隙。

③ 通过控制横进给手柄的空程量不超过 1/30 转来检验侧隙。

（3）调整进给箱和后托架

① 调整时主要保证进给箱、溜板箱和托架上安装丝杠的三孔同轴度要求，并保证丝杠轴线与床身导轨的平行度要求。

② 在三孔内各装入配合间隙不大于 0.005mm 的检验芯棒，三根芯棒的外露测量棒的直径应相等。

③ 用百分表分别测量检验棒 I、II、III 的上、侧母线。

④ 上母线要求为 0.02mm/100mm，只许前端向上偏；侧母线要求为 0.01mm/100mm，只许向床身方向偏。

⑤ 一次检验后，将检验棒退出，转 180°再插入检验一次，取 2 次测量结果的平均值，即为该项误差。

⑥ 若上母线超差，则以溜板箱的开合螺母轴线为基准，抬高或降低进给箱和托架来调整。

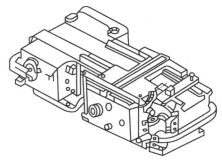 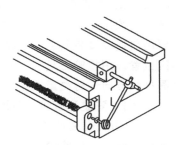

图 7-11　安装溜板箱　　　　　图 7-12　测量丝杠的轴向窜动

⑦ 若侧母线超差，则以进给箱检验芯棒为基准，将溜板箱作前后调整，托架则用垫片进行调整。

（4）钻孔、攻螺纹

① 用划针在床身上划出进给箱和托架螺孔的位置。

② 以床鞍上的孔为标准，在溜板箱顶面划出螺孔位置。

③ 拆下进给箱、溜板箱和托架，在床身和溜板箱上钻孔和攻螺纹。

（5）安装进给箱、溜板箱和托架

① 用螺钉安装进给箱、溜板箱和托架，装入丝杠和光杠。

② 当用手旋转光杠时，溜板箱在任何位置都应转动灵活，手感轻重均匀。

③ 测量丝杠轴线对床身导轨的等距误差，要求上、侧母线均在 0.15mm 内。

④ 测量丝杠的轴向窜动，要求窜动量不大于 0.01mm（见图

7-12)。

（6）钻、铰定位销孔

① 钻、铰进给箱、溜板箱和托架上的定位销锥孔。

② 装入定位销。

7.4.4 主轴箱和尾座的装配

（1）安装主轴箱（见图 7-13）

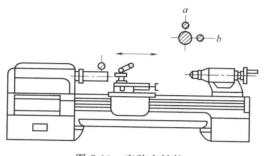

图 7-13 安装主轴箱

① 主轴箱安装在床身上后，在主轴锥孔内装入检验棒，将磁性表座固定在床鞍上，用百分表测量检验棒。

② 测量位置 a 是在垂直平面内的误差，要求在 0.02mm/300mm 内，只许向上偏；b 是水平平面内的误差，要求在 0.015mm/300mm 内，只许向前偏。

③ 垂直平面内的误差，通过修刮主轴箱与床身结合的底面；水平平面内的误差，通过修刮主轴箱与床身接触的侧面进行校正。

（2）安装尾座（见图 7-14）

① 检查尾座套筒轴线对溜板移动的平行度误差；在垂直平面内的误差，要求在 0.015mm/100mm 以内，只许向上偏；在水平平面内的误差，要求在 0.01mm/100mm 内，只许向前偏。

② 将尾座紧固在检验位置，尾座套筒伸出量约为伸出长度的一半，并将其锁紧。

③ 将百分表固定在床鞍上，测量尾座套筒表面，a 位置在垂

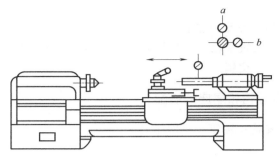

(a) 检验尾座套筒轴线对溜板移动的平行度误差

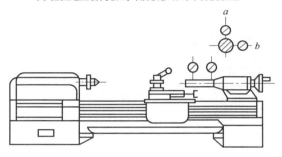

(b) 检验尾座套筒锥孔轴线对溜板移动的平行度误差

图 7-14　安装尾座

直平面内；b 位置在水平平面内，移动床鞍进行检验。

④ 检查尾座套筒锥孔轴线对溜板移动的平行度误差；在垂直平面和水平平面内的误差要求均为 0.03mm/300mm。

⑤ 在尾座锥孔内插入量棒，并用固定在床鞍上的百分表测量棒表面。a 位置在垂直平面内，b 位置在水平平面内，移动床鞍进行检验。

⑥ 如果上述两项精度超差，可刮研尾座底板的顶面或底面来校正。

（3）检验主轴和尾座两顶尖的等高度误差（见图 7-15）

① 等高度误差，允差为 0.06mm，只许尾座高。

② 将检验棒顶在两顶尖之间，百分表固定在床鞍上，测量头

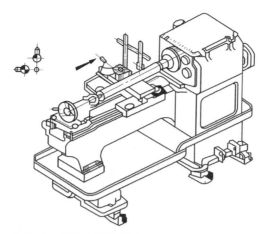

图 7-15　检验主轴与尾座两顶尖的等高度误差

在垂直平面内触及检验棒，移动床鞍在检验棒两端进行测量。

　　③ 一般情况下尾座顶尖应高于主轴顶尖，用刮研尾座底平面的方法，使尾座逐渐下降，达到该项精度要求。同时还必须保证尾座本身套管和套管锥孔轴线对溜板移动的平行度要求。

　　④ 应充分估计尾座的刮研量，不要使尾座下降太多，再刮主轴箱底面，增加不必要的工作量。

7.4.5　安装小刀架和其他部件

（1）小刀架部件的安装

　　小刀架部件安装在中滑板上，要求小刀架移动对主轴轴心线在垂直平面内的平行度误差不大于 0.04mm/300mm。其安装和检验步骤如下：

　　① 将小刀架部件安装在中滑板上。在主轴锥孔中紧密地插入一根检验棒，将百分表固定在小刀架上，测头在水平方向测量检验棒，调整小刀架移动在水平平面内与主轴轴心线的平行度，使两端读数相等，再固定好小刀架部件。

　　② 将百分表的测头在垂直方向测量检验棒（如图 7-16 所示）。

移动小刀架测量在垂直平面内与主轴轴线的平行度，然后将主轴旋转180°，再同样测量一次，两次测量值的代数和的一半就是平行度误差。

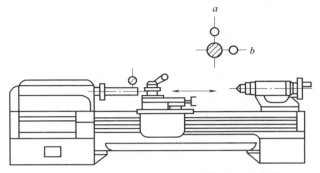

图 7-16　测量小刀架移动对主轴轴线的平行度误差

③ 修刮。根据所测平行度误差，对小刀架转盘与中滑板接触的底面进行修刮。

④ 控制小刀架的装配精度。应考虑到主轴轴线的前端在使用中会受热变形，使主轴轴线稍微向上倾斜，故在冷态装配校正时，应控制其平行度在 0.03mm/300mm 以内，且使小刀架移动在近主轴端处向上翘。

（2）安装其他部件

① 安装电动机并调整 V 带中心平面的位置精度和 V 带的张紧程度。

② 安装交换齿轮架及其安全防护装置。

③ 完成操纵杆与主轴箱的传动连接系统。

④ 安装电气系统和冷却系统。

第 8 章 >>>

机械设备装配后的调整

CHAPTER 8

机械设备检修和装配后，都需要进行检验和调整。检验的目的在于检查部件的装配是否正确，故障处理是否得当，设备是否符合设备验收规范要求。凡检查出不符合规定的地方，都要进行调整，为试运转创造条件，保证机床检修后能达到规定的技术要求和生产能力。本章重点讲述机械装配中经常遇到的一些典型实例。

8.1　动力传动机构的调整

设备动力传递机构的调整，关系到机械设备有效负荷能力的充分发挥。下面我们分别对与动力传动相关机构的调整进行讲述。

8.1.1　电动机三角带的松紧调整

三角带是将电动机的动力传递给车头箱的第一个传动件。三角带过松，就不能有效地传递电动机功率。车削时，如发现三角带因过松而产生过大的跳动，则须移动电动机底座位置，适当拉紧三角带，特别是在强力车削时，更要预先将三角带拉紧，否则会出现三角带空转打滑等现象。但在调整时，也不是越紧越好，要防止损坏三角带、电动机等有关传动件。

8.1.2　车头箱摩擦离合器的调整

车头箱摩擦离合器的调整，关系到车床有效负荷能力充分发挥的一个十分重要的方面。如摩擦离合器过松，将会影响车床额定功率的正常传递，使主轴在车削时的实际转速低于铭牌上的转速，甚至发生"闷车"现象。因此我们在车削时，特别在强力车削时，必须正确调整车头箱摩擦离合器。

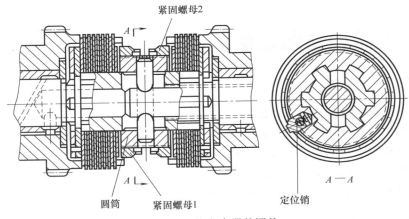

图 8-1　摩擦离合器的调整

　　调整车头箱摩擦离合器的要求，是使之能传递额定的功率，且不发生过热现象。其调整方法（图 8-1）是：先将定位销揿入圆筒的孔内，然后转动紧固螺母，调整它在圆筒上的轴向位置，如发现顺转时摩擦离合器过松，则应使紧固螺母 1 向左适当移动一些；过紧，则应使紧固螺母 1 向右适当移动一些。如发现倒转时摩擦离合器过松，则应使紧固螺母 2 向右适当移动一些；过紧，则应使紧固螺母 2 向左适当移动一些。在调整后，定位销必须弹回到紧固螺母的一个缺口中。

　　在调整摩擦离合器时，也不能使其过紧，否则，将可能在使用中因发热过高而烧坏；或者在停车时会出现主轴自转现象，影响操作安全。

8.1.3　拖板箱脱落蜗杆的调整

　　拖板箱脱落蜗杆是传递纵横走刀运动的一个机构。在正常情况下，由它将光杠的转动传递给拖板箱。当拖板箱在纵横走刀时，遇到障碍或碰到定位挡铁，则脱落蜗杆将会自行脱落，而停止走刀运动。因此在强力车削时或使用定位挡铁装置时，必须检查、调整拖板箱脱落蜗杆机构。

拖板箱脱落蜗杆的调整要求是车削时使用可靠、能正常传递动力进行纵横走刀，又能按定位挡铁的位置自行走刀运动。其调整方法（图 8-2）是：适当拧紧螺母，增大弹簧的弹力，即可防止脱落蜗杆在车削时自行脱落，但也不能将弹簧压得太紧，否则当拖板箱撞到定位挡铁，或在走刀运动中遇到障碍，脱落蜗杆却不能自行脱落，将使车床遭到损坏。

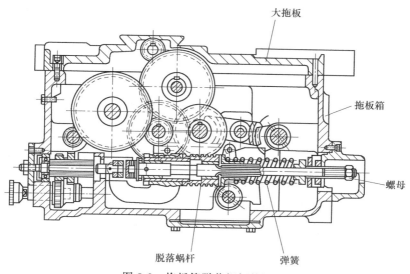

图 8-2　拖板箱脱落蜗杆的调整

8.1.4　齿轮传动机械的检验和调整

（1）齿轮径向圆跳动的检验

① 齿轮压装后可用软金属锤敲击的方法检查齿轮是否有径向圆跳动。

② 用千分表检验齿轮在轴上的径向圆跳动 [图 8-3（a）]：检验时，将轴 1 放在平板 2 的 V 形铁 3 上，调整 V 形铁，使轴和平板平行，再把圆柱规 5 放在齿轮 4 的轮齿间，把千分表 6 的触头抵在圆柱规上，即可从千分表上得出一个读数。然后转动轴，再将圆柱规放在相隔 3～4 个牙的齿间进行检验，又可在千分表上得出一个读数。如此便确定在整个齿轮上千分表读数的平均差，该差值就是齿轮分度圆上的径向圆跳动。

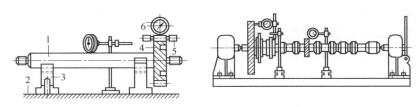

(a) 放在V形铁上　　　　　　　　　　(b) 卡在顶尖上

图 8-3　检验压装后齿轮的径向圆跳动

1—轴；2—平板；3—V 形铁；4—齿轮；5—圆柱规；6—千分表

（2）齿轮端面圆跳动的检验和调整

检验时，用顶尖将轴顶在中间，把千分表的触头抵在齿轮端面上 [图 8-3（b）]，转动轴，便可根据千分表的读数计算出齿轮端面的圆跳动量。如跳动量过大，可将齿轮拆下，把它转动若干角度后再重新装到轴上，这样可以减少跳动量。

如果照这样重装了还是不行，则必须修整轴和齿轮。

（3）齿轮中心距的检验

齿轮装配时，两轮中心距的准确度直接影响着轮齿间隙的大小，甚至使运转时产生冲击和加快齿轮的磨损或使齿"咬住"。因此，必须对齿轮的中心距进行检验。检验时，可用游标卡尺和内径千分尺进行测量，也可使用专用工具进行检验。

（4）齿轮轴线间平行度和倾斜度（轴线不在一平面内）的检验和调整

传动齿轮轴线间所允许的平行度和倾斜度，根据齿轮的模数决定。对于第一级的各种不同宽度的齿轮来说，当模数为 1～20 时，在等于齿轮宽度的轴线长度内，轴线最大的平行度误差不得超过 0.002～0.020mm。在四级精度的齿轮中，最大平行度误差不得超过 0.05～0.12mm，最大倾斜度误差不得超过 0.035～0.08mm。

如果齿轮轴心线平行度或倾斜度超过了规定范围，则必须调整轴承位置或重新镗孔，或者利用装偏心套等方法消除误差。

（5）接触啮合精度的检验和调整

齿轮啮合精度的判定，一般是根据接触斑点来进行的。接触斑点是指在安装好的齿轮副中，将显示剂涂在主动齿轮上，来回转动齿轮，在从动轮上显示出来的接触痕迹或亮点，根据从动轮上的痕迹或亮点的形状、位置和大小，我们就可以判断出齿轮的啮合质量，并确定其调整办法。

表 8-1～表 8-3 分别为圆柱齿轮、锥齿轮和蜗轮齿面接触斑点的检查调整方法。

表 8-1 圆柱齿轮接触斑点的检查及调整方法

接触斑点	原因分析	调整方法
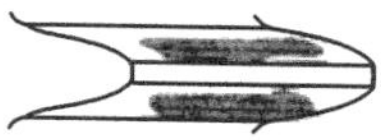 正常接触		
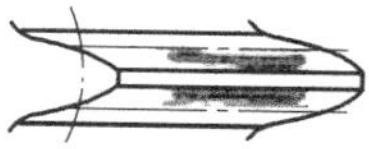 偏向齿顶接触	中心距太大	调整轴承座,减小中心距
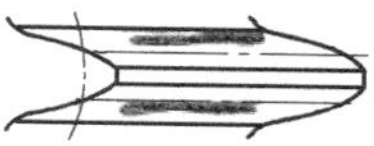 偏向齿根接触	中心距太小	刮削轴瓦或调整轴承座,加大中心距

接触斑点	原因分析	调整方法
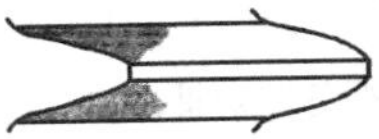 同向偏接触	两齿轮轴线不平行	刮削轴瓦或调整轴承座,使轴线平行
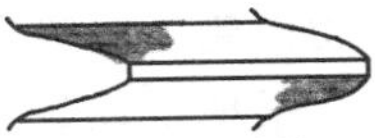 异向偏接触		刮削轴瓦或调整轴承座,修正轴线平行
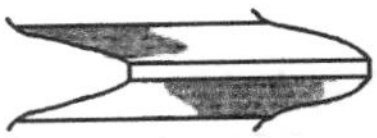 单向偏接触	两齿轮轴线不平行同时歪斜	检查并调整齿轮端面,与回转轴心线保持垂直
	齿面有毛刺或有碰伤凸面	去毛刺、修整齿面

表 8-2 锥齿轮接触斑点及其调整方法

图例	痕迹方向	痕迹百分比确定
	在轻载荷下,接触区在齿宽中部,略等于齿宽的一半,稍近于小端,在小齿轮齿面上较高,大齿轮上较低,但都不到齿顶	

图例	痕迹方向	痕迹百分比确定
低接触 高接触 高低接触	①小齿轮接触区太高,大齿轮太低,原因是小齿轮轴向定位有误差	小齿轮沿轴向移出,如侧隙过大,可将大齿轮沿轴向移动
	②小齿轮接触区太低,大齿轮太高,原因同①,但误差方向相反	小齿轮沿轴向移近,如侧隙过小,则将大齿轮沿轴向移出
	③在同一齿的一侧接触区高,另一侧低,如小齿轮定位正确且侧隙正常,则为加工不良所致	装配无法调整,需调换零件。若只做单向运动,可按①或②法调整,可考虑另一齿侧的接触情况
小端接触 同向偏接触	①两齿轮的齿两侧同在小端接触,原因是轴线交角太大	不能用一般方法调整,必要时修刮轴瓦
	②同在大端接触,原因是轴线交角太小	
大端接触 小端接触 异向偏接触	大小两齿轮在齿的一侧大端接触,原因是两轴心线有偏移	应检查零件加工误差,必要时修刮轴瓦

表 8-3   蜗轮齿面接触斑点及调整方法

接触斑点	症状	原因	调整方法
	正常接触		

接触斑点	症状	原因	调整方法
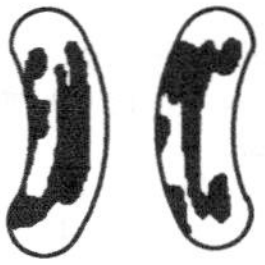	左、右齿面对角接触	中心距大或蜗杆轴线歪斜	①调整蜗杆座孔位置（缩小中心距）②调整（或修整）蜗杆基面
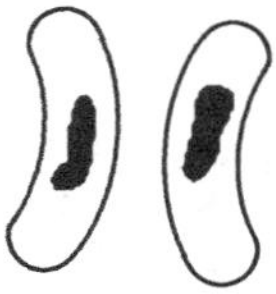	中间接触	中心距小	调整蜗杆座孔位置（增大中心距）
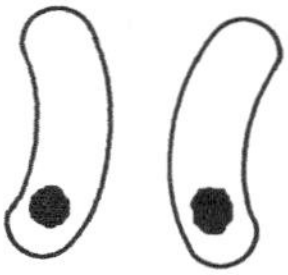	下端接触	蜗杆轴心线偏下	调整蜗杆座孔向上
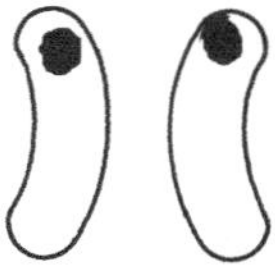	上端接触	蜗杆轴心线偏上	调整蜗杆座孔向下
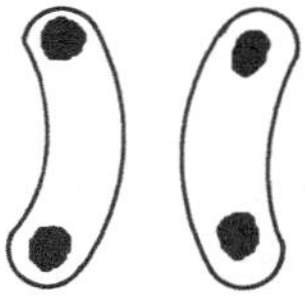	带状接触	①蜗杆径向圆跳动误差大 ②加工误差大	①调换蜗杆轴承（或修刮轴瓦）②调换蜗轮或采取跑合
	齿顶接触	蜗杆与终加工刀具齿形不一致	调换蜗杆
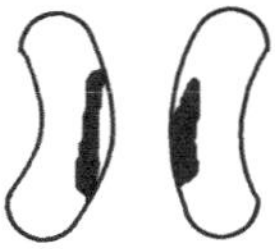	齿根接触		

▶8.2　机械转动机构的调整

8.2.1　滚动轴承的调整

（1）滚动轴承间隙的调整

滚动轴承间隙调整，主要是调整径向间隙和轴向间隙，必须调整到要求值，保证工作时能补偿热胀伸缩，并形成良好的润滑状态。

通常需要调整的是推力轴承，非推力轴承不须调整。同时，径向间隙和轴向间隙存在一个正比关系，所以只要调整轴向间隙即可。

轴承间隙的调整方法是按轴承的结构而定，分三种方式：垫片调整法、螺钉调整法、环形螺母调整法。

1）垫片调整间隙法（图 8-4）

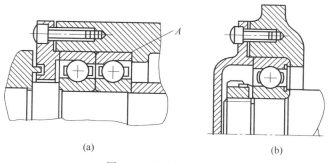

(a)　　　　　　　　　　(b)

图 8-4　垫片调整间隙

① 将轴承端盖拧紧到轴承内外圈与滚动体间没有间隙为止，可用手转动轴承，感觉发紧即可。

② 用塞尺测量端盖内端面与座孔端面的间隙值 δ_0，查出轴承要求的间隙值 $\delta_间$，则 $\delta = \delta_0 + \delta_间$ 为垫片厚度。

③ 拆下端盖，将厚度为 δ 的垫片置于端盖与轴承座圈间，拧

紧端盖螺栓即可得到需要间隙。

2) 螺钉调整间隙法 （图 8-5）

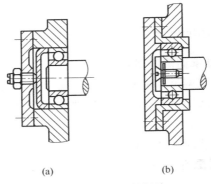

(a)   (b)

图 8-5　螺钉调整间隙

① 将端盖上的调整螺钉螺母松开，然后拧紧调整螺钉压紧止推盘，止推盘将轴承外圈向内推进，使间隙消失（转动轴感觉发紧为止），此时轴各间隙值为零。

② 根据轴承要求的间隙、螺钉的螺距，将调整螺钉倒转回一定角度，使之等于要求的间隙值。调整后将螺钉上的螺母拧紧即可。

③ 调整间隙值和螺钉螺距的关系式为：

$$\delta = SA/360°$$

式中　δ——轴承间隙值，mm；

　　　S——调整螺钉的螺距，mm；

　　　A——螺钉倒转的角度，（°）。

3) 环形螺母调整法 （图 8-6）

① 拆开止动件，旋紧环形螺母至发紧时为止，此时表示轴承已不存在间隙。

② 按设备技术文件规定的轴承间隙值，将环形螺母倒转一定角度，使螺母退出的距离等于要求的间隙值即可。

③ 锁住止动件，转动轴检查，应轻快、灵活、无卡涩现象。

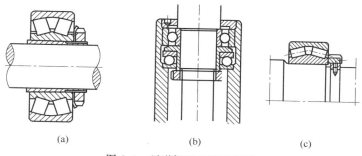

(a)　　　　　　　　(b)　　　　　　　(c)

图 8-6　环形螺母法调整间隙

（2）间隙调整注意事项

① 垫片调整的总厚度，应以端盖拧紧螺栓后，用塞尺检查测量的厚度为准，不准以各垫片的厚度相加来决定。

② 垫片的材质有钢垫片、铜垫片、铝垫片、青壳纸垫片，按要求选用。垫片要平整光滑，不允许有卷边、毛刺和不平现象。

③ 调整完成后，调整螺钉螺母和环形螺母必须锁紧，避免发生松动产生间隙变动。

8.2.2　滑动轴承的调整

滑动轴承的间隙有两种：一种是径向间隙（顶间隙和侧间隙），另一种是轴向间隙。径向间隙主要作用是积聚和冷却润滑油，以利形成油膜，保持液体摩擦。轴向间隙的作用是为了在运转中，当轴受温度变化而发生膨胀时，轴有自由伸长的余地。

（1）滑动轴承间隙的检验方法

间隙的检验方法主要有塞尺检验法、压铅检验法和千分尺检验法。

① 塞尺检验法：对于直径较大的轴承，用宽度较小的塞尺塞入间隙里，可直接测量出轴承间隙的大小，如图 8-7 所示。轴承间隙的检验，一般都采用这种方法。但对于直径小的轴承，因间隙小，所以测量出来的间隙不够准确，往往小于实际间隙。

② 压铅检验法：此法比塞尺检验法准确，但较费时间。所用

铅丝不能太粗或太细，其直径最好为间隙的 1.5～2 倍，并且要柔软和经过热处理。

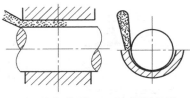

(a) 检验顶间隙　　(b) 检验侧间隙

图 8-7　用塞尺检查轴承的间隙

检验时，先将轴承盖打开，把铅丝放在轴颈头上和轴承的上下瓦接合处，如图 8-8 所示。然后把轴承盖盖上，并均匀地拧紧轴承盖上的螺钉，而后再松开螺钉，取下轴承盖，用千分尺测量出压扁铅丝的厚度，并用下列公式计算出轴承的顶间隙：

$$顶间隙 = \frac{b_1 + b_2}{2} - \frac{a_1 + a_2 + a_3 + a_4}{4} \quad （mm）$$

铅丝的数量，可根据轴承的大小来定。但 a_1、a_2、a_3、a_4、b_1、b_2 各处均有铅丝才行，不能只在 b_1、b_2 处放，而 a_1、a_2、a_3、a_4 处不放；如这样做，所检验出的结果将不会准确（仍须用塞尺进行测量）。

③ 千分尺检验法：用千分尺测量轴承孔和轴颈的尺寸时，长度方向要选 2 个或 3 个位置进行测量；直径方向要选 2 个位置进行测量，见图 8-9。然后分别求出轴承孔径和轴径的平均值，两者之差就是轴承的间隙。

采用千分尺检验轴套轴承的间隙比采用塞尺法和压铅法更为准确。

（2）滑动轴承的间隙调整

1）圆柱形滑动轴承的检验和调整：圆柱形滑动轴承的检验和调整分为轴瓦与轴颈的接触面、轴瓦与轴颈之间的间隙两部分，现分述如下：

① 轴瓦与轴颈接触面的检验和调整　轴瓦与轴颈的接触要求均匀而且分布面要广，因此，必须认真检查和调整。一般的轴承要求其轴瓦与轴颈应在 60°～90° 的范围内接触，并达到每 25mm×25mm，不少于 15～25 点。

② 轴瓦与轴颈之间间隙的确定

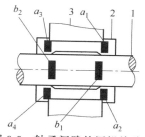

图 8-8 轴承间隙的压铅检验法

1—轴；2—轴瓦；3—轴承座

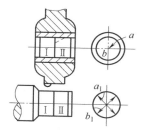

图 8-9 轴承轴套间
隙的测量方法

a. 根据设计图样的要求决定。

b. 根据计算确定。

$$轴承的顶间隙：a = Kd$$

式中 d——轴的直径，mm；

K——系数，见表 8-4。

表 8-4 系数 K 值表

编号	类别	K
1	一般精密机床轴承或一级配合精密度的轴承	$\geqslant 0.0005$
2	二级配合精密度的轴承，如电动机之类	0.001
3	一般冶金机械设备轴承	$0.002 \sim 0.003$
4	粗糙机械设备轴承	0.0035
5	透平机三类轴承：圆形瓦孔	0.002
	椭圆形瓦孔	0.001

轴承的侧间隙见图 8-10 和图 8-11。

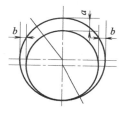

图 8-10 圆形瓦孔的侧间隙

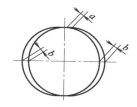

图 8-11 椭圆形瓦孔的侧间隙

一般情况下，可采用 $b=a$；

如顶间隙较大时，采用 $b=\dfrac{1}{2}a$；

如顶间隙较小时，采用 $b=2a$。

2）内圆外锥开槽轴承的检验和调整：内圆外锥开槽轴承的结构如图 8-12 所示。这种轴承的外锥面上对称地开有 4 条直槽，其中一条切通。调整时，转动轴承两端的螺母可使轴承套在支座中轴向移动，轴承的张开或收缩可调整其径向间隙。在切通的槽内夹有一条与槽宽相等的耐油橡胶板。检验精度时，在主轴的中心孔内，用黄油黏一钢珠，用千分表检验轴各窜动量。检验时，千分表读数的最大差值在规定范围内即为合格。

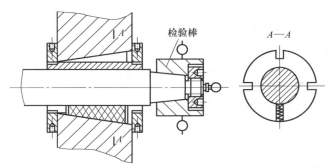

图 8-12　内圆外锥开槽轴承的检验和调整

3）外圆内锥滑动轴承的调整：外圆内锥滑动轴承的结构如图 8-13 所示。调整时，先调整轴向窜动，合格后再调整径向圆跳动。调整轴承两端的螺母即可将轴各窜动量调整到规定范围内。轴承两端的圆螺母，松后紧前可减少其径向圆跳动量，松前紧后可增加其径向圆跳动量。

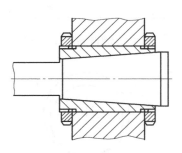

图 8-13　外圆内锥滑动
轴承的调整

8.2.3 主轴间隙的调整

转动机构的精度最终体现在主轴上，因此，要对主轴的转动精度进行检验和调整。

（1）主轴端面圆跳动的检验

如图 8-14 所示，将千分表测头顶在主轴端面靠近边缘的地方，转动主轴，分别在相隔 180°的 a 点和 b 点进行检验。a 点和 b 点的误差分别计算，千分表两次读数的最大差值，便是主轴端面圆跳动误差的数值。

（2）主轴锥孔径向圆跳动的检验

如图 8-15 所示，将杠杆式千分表固定在床身上，让千分表测头顶在主轴锥孔的内表面上。转动主轴，千分表读数的最大差值就是主轴锥孔径向圆跳动误差的数值。

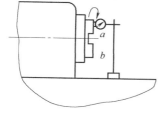

图 8-14　主轴端面圆跳动误差检验

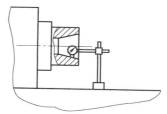

图 8-15　主轴锥孔径向圆跳动的检验

（3）主轴轴向窜动的检验

① 带中心孔的主轴：检验其轴向窜动时，可在其中心孔中用黄油粘一个钢球，将平头千分表的测头顶在钢球的侧面 ［图 8-16（a）］，然后转动主轴。千分表读数的最大差值就是带中心孔的主轴轴向窜动误差的数值。

② 带锥孔的主轴：检验其轴向窜动时，首先在主轴锥孔中插入一根锥柄短检验棒，在检验棒的中心孔中粘一钢球。然后，按照检验带中心的主轴轴向窜动的方法用平头千分表进行检验，如图 8-16（b）所示。

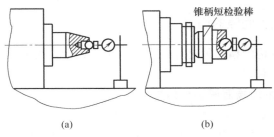

(a)   (b)

图 8-16   主轴轴向窜动的检验

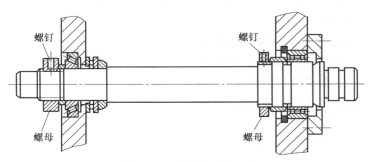

图 8-17   车床主轴的调整

（4） 主轴的调整

下面以车床为例，通过调整其主轴轴承的轴向窜动和径向间隙来提高主轴的转动精度。图 8-17 为典型的车床主轴轴承位置示意图。主轴前端为调心滚子轴承，轴承的内圈孔和主轴轴颈均为 1∶12 的锥度，主轴后端采用了螺钉松开，然后调整螺母，使主轴的窜动调整到规定的范围之内。注意螺母的旋转方向：松开螺母会增大轴向窜动，锁紧螺母才会减少轴向窜动。然后拧紧螺钉，防止螺母松动。第二步将主轴前端的螺钉松开，旋转螺母，轴承内圈前移为减少径向间隙；反之，螺母松开后，用木锤向后敲击主轴则径向间隙增大。

▶8.3   运动变换机构的调整

零件或部件沿导轨的移动，大部分是利用丝杠副来实现的；在某些情况下，也通过齿轮和齿条得到；但利用液压传动装置的也越来越多。这些机械的作用就是将旋转运动变换为直线运动，所以称为运动变换机构。

8.3.1 螺旋机构的调整

螺旋机构是丝杠与螺母配合将旋转运动转为直线运动的机构，其配合精度的高低，直接决定其传动精度和定位精度，所以无论是装配还是维修调整都应达到一定的精度要求。

螺旋机械的检验和调整方法如下：

（1）丝杠螺母副配合间隙的测量及调整

轴向间隙直接影响丝杠的传动精度，通常采取消除间隙机构来达到所需的适当间隙。单螺母传动的消除间隙机构如图 8-18 所示，它通过适当的弹簧力、油压力或重力作用，使螺母与丝杠始终保持单面接触以消除轴向间隙，提高单向传动精度。双螺母消除间隙机构如图 8-19 所示，它可以消除丝杠和螺母的双向间隙，提高双向传动精度。

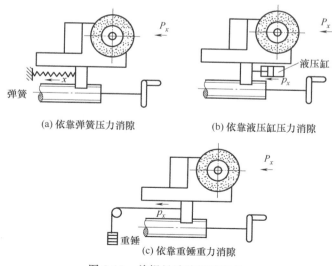

(a) 依靠弹簧压力消隙

(b) 依靠液压缸压力消隙

(c) 依靠重锤重力消隙

图 8-18　单螺母消除间隙机构

测量配合间隙时，径向间隙更能正确反映丝杠螺母的配合精度，故配合间隙常用径向间隙表示。通常配合间隙只测量径向间隙，其测量方法如图 8-20 所示。测量时，将螺母旋至离丝杠一端约 3～5 个螺距处，将百分表测头抵在螺母上，轻轻抬动螺母，百分表指针的摆动差值为径向间隙值。

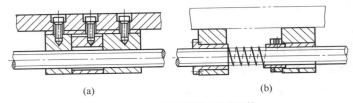

图 8-19 双螺母消除间隙机构

校正丝杠螺母副同轴度及丝杠中心线对导轨基准面的平行度。在成批生产中用专用量具来校正，如图 8-21 所示。维修时则用丝杠直接校正，其对中原理是一致的，方法如图 8-22 所示。校正

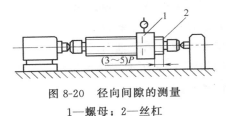

图 8-20 径向间隙的测量
1—螺母；2—丝杠

时，先修刮螺母座 4 的底面，使丝杠 3 的母线 a 与导轨面平行。然后调整螺母座的位置使丝杠 3 的母线 b 与导轨面平行，再修磨垫片

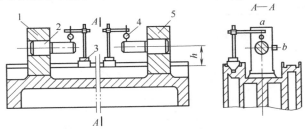

(a) 校正前后轴承孔同轴度

1，5—前后轴承孔； 2—专用芯轴； 3—百分表座； 4—百分表

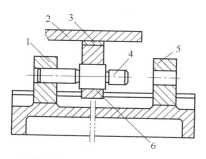

(b)校直螺母孔与前后轴承孔的同心度

1,5—前后轴承孔；2—滑板；3—垫片；4—专用芯轴；6—螺母座孔

图 8-21 校正螺母孔与前后轴承孔的同轴度

2、7，调整轴承 1、6，使其顺利自如套入丝杠轴颈，要保证定位固紧后丝杠转动灵活。

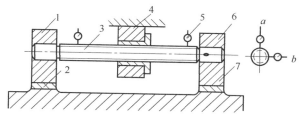

图 8-22 用丝杠直接校正两轴承孔与螺母孔的同轴度

1,6—前后轴承座；2,7—垫片；3—丝杠；4—螺母座；5—百分表

（2）丝杠回转精度的调整

回转精度主要由丝杠的径向圆跳动和轴向窜动的大小来表示。根据丝杠轴承种类的不同，调整方法也有所不同。

① 用滚动轴承支承时，先测出影响丝杠径向圆跳动的各零件的最大径向跳动量的方向，然后按最小累积误差进行定向装配，并且预紧滚动轴承，消除其原始游隙，使丝杠径向跳动量和轴向窜动量为最小。

② 用滑动轴承支承时（典型的滑动轴承支承结构如图 8-23 所示），应保证丝杠上各相配零件的配合精度、垂直度和同轴度等符

合要求，具体精度要求和调整方法见表 8-5。

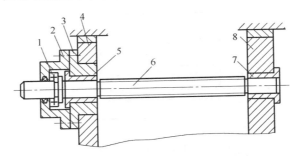

图 8-23　用滑动轴承支承的丝杠螺母副

1—推力轴承；2—法兰盘；3—前轴承座；4—前支座；5—前轴承；

6—丝杠；7—后轴承；8—后支座

表 8-5　滑动轴承的丝杠螺母副精度要求与调整方法

装配要求	精度要求	调整及检验方法
保证前轴承座与前支座端面、后轴承与后支座端面接触良好，并与轴心线垂直	①接触面研点数 12 点/25mm×25mm，研点分布均匀（螺孔周围较密） ②前后支座端面与孔轴心线的垂直度误差不超过 0.005mm	修刮支座端面，并用研具涂色检验，使端面与轴心线的垂直度达到要求
保证前、后轴承与轴承座或支座的配合间隙	配合间隙不超过 0.01mm	测量轴承外圈及轴承座内孔直径，如配合过紧，刮研轴承座孔或支座孔
保证丝杠轴肩与前轴承端面的接触质量	①轴肩端面对轴心线的垂直度误差不超过 0.005mm ②接触面积不小于 80%，研点分布均匀	以轴肩端面为基准，配刮前轴承端面
保证止推轴承的配合间隙	①两端面不平等度误差为 0.002～0.01mm ②表面粗糙度 Ra0.8μm ③配合间隙 0.01～0.02mm	配磨后刮研，推力轴承达到配合间隙

装配要求	精度要求	调整及检验方法
保证轴承孔与丝杠轴颈的间隙	丝杠轴颈为 $\phi100mm$ 时,配合间隙的推荐值 0.01~0.02mm	分别检验轴承孔与丝杠轴颈直径,如间隙过紧可以刮研轴承孔
前后轴承孔同心	同轴度误差不超过 0.01mm	见图 8-23

(3)注意事项

在对机床的螺旋机构进行装配和调整时,必须将丝杠机械的矫正工序作为重要的操作。因为机械中丝杠矫正的质量如果得不到保证,那么螺旋机构整个装配和调整质量肯定是达不到要求,而且丝杠矫正的操作也不能进行一次即可,而应在装配和调整过程中要进行反复多次校核,一旦发现丝杠矫正质量出现偏差,就必须进行再次矫正,直至最终合格为止。

8.3.2 液压传动装置的检验和调整

液压设备经检修或重新装配以后,必须经过调试才能使用。液压设备调试时,要仔细观察设备的动作和自动工作循环,有时还要对各个动作的运动参数(力、转矩、速度、行程等)进行必要的测定和试调,以保证系统的工作可靠。此外,对液压系统的功率损失、油温等也应进行必要的计算和测定,防止电动机超载和温升过高影响液压设备的正常运转。

液压设备调试后,主要工作内容有书面记录,经过核准手续归入设备技术档案,作为以后维修时的原始技术数据。

以图 8-24 所示的钻削机床为例来说明调试的一般步骤和方法。

① 将油箱中的油液加至规定的高度。

② 将系统中阀 1、2 的调压弹簧松开。

③ 检查泵的安装有无问题,若正常,可向液压泵灌油。然后启动电动机使泵运动,观察阀 1、2 的出口有无油排出,如泵不排油则应对泵进行检查,如有油且液压泵运转正常,即可往下进行调试。

④ 调节系统压力。先调节卸荷阀 2，使压力表 p_1 值达到说明书中的规定值（或根据空载压力来调节）；然后调节溢流阀压力，即逐渐拧紧溢流阀 1 的弹簧，使压力表 p_1 值逐步升高至调定值为止。

⑤ 排除系统中的空气。将行程挡铁调开，按压电磁铁按钮，这时由于空载，卸荷阀 2 和溢流阀 1 关闭，使双联泵的全部流量进入液压缸，于是液压缸在空载下做快速全行程往复运动，将液压系统中的空气排出，然后根据工作行程大小再将行程挡铁调好固紧。同时要检查油箱内油液的油量。

⑥ 若系统启动和返回时冲击过大，可调节电液动换向阀控制油路中的节流阀，使冲击减小。

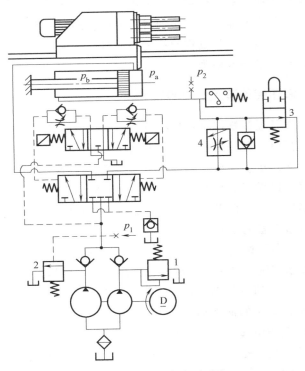

图 8-24　组合机床液压系统

1—溢流阀；2—卸荷阀；3—行程阀；4—调速阀

⑦ 各阀的压力调好以后，便可对液压系统进行负荷运转，观察工作是否正常，噪声、系统温升是否在允许的范围内。

⑧ 工作速度的调节。应将行程阀 3 压下，调节调速阀 4，使液压缸的速度最大，然后再逐渐关小调速阀来调节工作速度。并且应观察系统能否达到规定的最低速度，其平稳性如何，然后按工作要求的速度来调节调速阀。调好后要将调速阀的调节螺母固紧。

⑨ 压力继电器的调节。在图 8-24 中压力继电器为失压控制，当压力低于回油路压力 p_2（p_2 不大于 0.5MPa）时，压力继电器将返回电磁铁接通，于是工作台返回。因此，压力继电器的动作压力应低于调速阀压力差和快进时的背压。

按上述步骤调整后，如运转正常，即调试完毕。有时根据设备的不同，调试方法和内容也不完全相同，如压力机械须进行超负荷试验，对某些要求高的设备，有时须进行必要的测试等，在达到规定数值后，方允许投入使用。

8.3.3 导轨的检验和调整

由于机床运动方向的变换绝大多数都是在导轨上实现的，所以我们把导轨检验和调整也放在本书来讲，并将重点讲述导轨的间隙和精度调整。

（1）导轨的间隙调整

对于普通机械设备来说，滑动导轨之间的间隙是否合适，通常用 0.03mm 或者 0.04mm 厚的塞尺在端面部位插入进行检查，要求其插入深度应小于 20mm。如果导轨间隙不合适，必须及时进行调整。导轨间隙调整的常见方法如下所述。

① 用斜镶条调整导轨间隙的典型结构如图 8-25 所示。斜镶条 1 在长度方向上一般都带有 1：100 的斜度。通过调节螺钉 2 将镶条在长度方向上来回适当移动，就可以使导轨间得到合理间隙。显然，图 8-25（a）中的结构调整起来方便简单，但精度稳定性要差一点。图 8-25（b）中的结构调整起来麻烦一点，但精度稳定性要好得多。

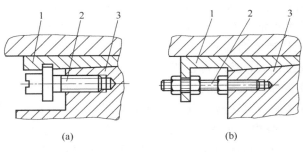

(a)   (b)

图 8-25　常见镶条调整间隙结构

1—斜镶条；2—调节螺钉；3—滑动导轨

　　② 通过移动压板调整导轨间隙的典型结构如图 8-26 所示。调整时，先将紧固螺钉 4、锁紧螺母 2 拧松，再用调节螺钉 1 调整压板 3 向滑动导轨 5 方向移动，以保证导轨面间具有合理的间隙。调整中可以先将紧固螺钉略微拧紧，带一点劲，然后用调节螺钉一边顶压板，一边使滑动导轨面进行运动，一边逐渐拧紧紧固螺钉，直到导轨运动正常、导向精度符合要求为止。

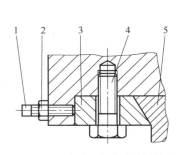

图 8-26　移动压板调整导轨图

1—调节螺钉；2—锁紧螺母；

3—压板；4—紧固螺钉；5—滑动导轨

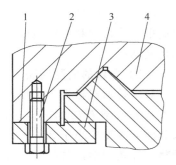

图 8-27　磨刮压板结合面调整

导轨间隙的结构

1—结合面；2—紧固螺钉；

3—压板；4—滑动导轨

　　③ 需要磨刮板结合面，以调整导轨间隙的常见结构如图 8-27 所示。

调整导轨间隙时，必须拧开紧固螺钉 2，卸下压板 3，在压板结合面 1 处，根据导轨面间间隙调整量的大小进行磨刮，从而使导轨间隙得到调整。

（2）导轨的接触精度调整

接触精度是指机床导轨副的接触精度。为保证导轨副的接触刚度和运动精度，导轨的两配合面必须有良好的接触。表 8-6 为滑动导轨接触精度的调整方法。

表 8-6　滑动导轨接触精度的调整方法

出现的问题	原因分析	调整方法
检修安装后，导轨接触不良	①由于对导轨面上的重型部件的刮研程序不当，使安装后的零件（如滑板）产生变形或扭曲 ②刀架底部接触不良，加压力时引起刀盒变形	①对装有重型部件的床身导轨面的刮研，应按导轨面的维修原则维修 ②检修刀架底面，调整刀回中心螺杆与底面的垂直度
滑板移动时，导轨面产生划痕	①导轨面粗糙，有刮研或磨削毛刺 ②导轨面的接触过少，导轨面的有效承载面积降低，油膜破坏	将工作台、滑板拆下，重新刮研或磨削导轨面直至达到精度要求
滑板移动不灵活有卡紧现象	①楔条与滑板的角度不吻合，横断面成斜劈间隙，当拖板移动时，镶条下落或上升卡紧滑道面 ②镶条弯曲变形压紧滑道面 ③镶条调整螺钉的位置过上或过下，使镶条在卡紧时上下承压不均，产生偏斜和卡紧现象 ④滑板端面的防尘装置（如毛毡等）压得太紧，使其与导轨面产生较大阻力	①修磨楔条，纠正尖劈间隙 ②修理调整螺钉的端头为球形点接触 ③改作调整螺钉达适当位置 ④调整防尘装置，使之松紧适当
拖板箱安装后，滑板产生水平偏移，移动时有刹紧现象	滑板间隙过大，滑板在拖板箱的重力作用下产生偏转，形成单向单隙，使导轨面接触不良，破坏了润滑条件，产生较大阻力	①重新研配压板，使其间隙适当 ②可调压板最好改成不可调的，以增加其刚性和稳定性

出现的问题	原因分析	调整方法
拖板移动时有渐松或渐紧现象	床身导轨或燕尾导轨有锥度	拆卸修复
有卡住工作台滑板的现象	床身导轨面与传动杆（如丝杠、光杠等）轴线不平行或传动杆弯曲超差	检验传动杆的轴线位置,校验传动杆的磨损情况和几何精度,并加修复
导轨面的油膜不能形成	①导轨润滑油的黏度选择不当 ②润滑油不清洁	改用黏度适当的清洁润滑油
工作中的导轨产生变形,摇动时或松或紧	①机床床身局部发热或受外界温度变化的影响而产生导轨变形 ②导轨被切屑等杂物擦伤	①精密机床和床身导轨较长的机床,应尽量控制在标准温度（20℃）的条件下工作 ②检修防尘装置,清洗切屑或杂物,修复擦伤
导轨滑动面出现整块贴合吸附现象,产生较大阻力	导轨面磨损,润滑构造不良,缺乏润滑良好的油槽	修复磨损及改进不良的结构,对滑板导轨面刮花

▶ 8.4 其他结构部分的调整

8.4.1 车床对合螺母塞铁的间隙调整

对合螺母在车削螺纹时，起带动拖板箱移动的作用，如对合螺母塞铁的间隙未经正确调整，就会影响到螺纹的加工精度，并且使操作麻烦（指采用开闸对合螺母方法车削螺纹时），因此在车削螺纹时，必须注意对合螺母塞铁的间隙情况。

对合螺母塞铁间隙的调整要求，是开闸时轻便，工作时稳定，无阻滞和过松的感觉。

对合螺母塞铁间隙的调整方法如下（图 8-28）：拧松并紧螺

母，适量支紧调节螺钉，使对合螺母体在燕尾导轨中滑动平稳，同时用塞尺检查密合程度，间隙要求在 0.03mm 以内，即可拧紧并紧螺母。

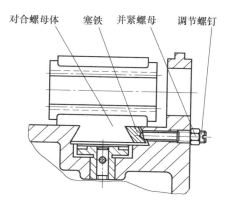

图 8-28　对合螺母塞铁间隙的调整

8.4.2　车床大拖板压板和中、小拖板塞铁的间隙调整

大拖板及中、小拖板在车削中，起着车床纵横方向的进给作用，因此大拖板和床身导轨之间的间隙以及中、小拖板塞铁的间隙，会直接影响到工件的加工精度和粗糙度。

大拖板压板和中、小拖板塞铁的间隙调整要求，是使大拖板及中、小拖板在移动时，既平稳又轻便。

调整大拖板压板间隙的方法如下（图 8-29）：拧松并紧螺母适当支紧调节螺钉，以减少外侧压板的塞铁和床身导轨的间隙。然后用 0.4mm 塞尺检查，插入深度应小于 20mm，并用手移动大拖板时无阻滞感觉，即可拧紧并紧螺母。对大拖板内侧压板则可适量拧紧吊紧螺钉，然后用同样方法检查。

调整中、小拖板塞铁间隙的方法，是分别拧紧、拧松塞铁的两端调节螺钉，使塞铁和导轨面之间的间隙正确，然后再用上述方法进行检查。

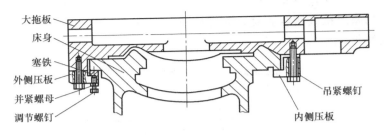

图 8-29　大拖板压板间隙的调整

标注：大拖板、床身、塞铁、外侧压板、并紧螺母、调节螺钉、吊紧螺钉、内侧压板

8.4.3　车床丝杠轴向窜动间隙的调整

车床丝杠的轴向窜动对螺纹的加工精度有着很大的影响，因此必须注意正确的调整。

丝杠轴向窜动间隙的调整方法如下（图 8-30）：适量并紧圆螺母，使丝杠连接轴、推力球轴承、走刀箱壁、垫圈及圆螺母之间的间隙减小。随后用平头百分表进行测量（图 8-31）。在闸下对合螺母后，丝杠正、反转时的轴向游隙应控制在 0.04mm 左右，轴向窜动应小于 0.01mm。

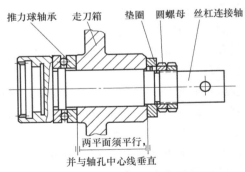

标注：推力球轴承、走刀箱、垫圈、圆螺母、丝杠连接轴、两平面须平行，并与轴孔中心线垂直

图 8-30　丝杠轴向窜动间隙的调整

8.4.4　车床中拖板丝杠螺母的间隙调整

中拖板丝杠螺母在长期使用后，由于磨损，会影响工件的加工

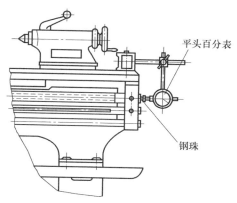

平头百分表

钢珠

图 8-31　测量丝杠的轴向游隙和轴向窜动

质量。如精车大端面工件时，中拖板丝杠螺母的间隙过大，会使加工平面产生波纹。因此当车床的中拖板丝杠螺母可以调整时（如 C620 车床），我们便可通过调整它的间隙，来保证工件的加工质量。

中拖板丝杠螺母间隙的调整方法如下（图 8-32）：先将前螺母上的螺钉拧松，然后适量拧紧中间的一只螺钉将斜铁拉上，使丝杠在回转时灵活准确，以及在正、反转时，空隙小于 1/20 转，即可再拧紧前螺母上的螺钉。

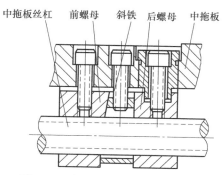

中拖板丝杠　　前螺母　斜铁　后螺母　中拖板

图 8-32　中拖板丝杠螺母间隙的调整

8.4.5 制动器的调整

C620 型车床的制动器结构如图 8-33 所示。当制动器调整过松时，会出现停车后主轴有自转的现象，影响操作安全；当制动器调整过紧时，则会使制动带在开车时，不能和制动盘脱开，造成剧烈摩擦发生损耗或"烧坏"。

制动器的调整方法如下：拧松并紧螺母，调整调节螺母在调节螺钉上的位置。如制动器过松，可用调节螺母将调节螺钉适当拉出些，使主轴在摩擦离合器松开时，能迅速停止转动；如制动器过紧，则可松开调节螺母，使调节螺钉适当缩进一些，然后再拧紧并紧螺母。

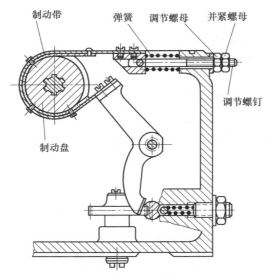

图 8-33 C620 型车床的制动器结构

8.4.6 各中拖板丝杠刻度盘的调整

C620-1 型车床中拖板丝杠刻度盘的结构如图 8-34 所示。如刻度盘过松，在转动中拖板手柄时将会自行转动，而无法读准刻度；

如刻度盘过紧，则使刻线格数不易调整。中拖板丝杠刻度盘的调整方法如下：当刻度盘过松时，可先拧出调节螺母和并紧螺母，拉出圆盘，把弹簧片扭弯些，增加它的弹力，随后把它装进圆盘和刻度盘之间，适当拧紧调节螺母，再拧紧并紧螺母，减小刻度盘转动间隙；当刻度盘过紧时，则可适当松开调节螺母，使刻度盘转动间隙相应增大，然后再拧紧并紧螺母。

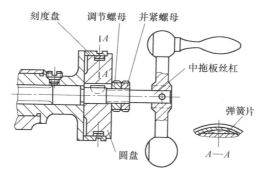

图 8-34　中拖板丝杠刻度盘结构

第9章 >>>

总装配后的质量检查和验收

> 9.1 整机静态检验

车床装配完成后，在进行性能试验之前必须仔细检查车床各部位是否安全、可靠，以保证试运转不出事，整机检验的内容和方法有以下几点：

（1）检视法

此法仅凭眼看、手摸、耳听来检验和判断，简单可行，应用广泛，检视法又可分为：

① 目测法：对零件表面损伤如毛糙、沟槽、裂纹、刮伤、剥落（脱皮）、断裂，以及零件较大和明显变形、严重磨损、表面退火和烧蚀等都通过目视或借助放大镜观察确定。还有像刚性联轴器的漆膜破裂、弹性联轴器的错位、螺纹连接和铆接密封漆膜的破裂等也可用目测判断。

② 敲击法：对于机壳类零件不明显的裂纹、轴承合金与底瓦的结合情况等，可通过敲击听音清脆还是沙哑来判断好坏。

③ 比较法：用新的标准零件与被检测的零件相比较来鉴定被检零件的技术状况。如弹簧的自由长度、链条的长度、滚动轴承的质量等等。

（2）测量法

零件磨损或变形后会引起尺寸和形状的改变，或因疲劳而引起技术性能（如弹性）下降等。可通过测量工具和仪器进行测量并对照允许标准，确定是否继续使用，还是待修或报废。例如对滚动轴承间隙的测量、温升的测量、对齿轮磨损量的测量、对弹簧弹性大小的测量等。

（3）探测法

对于零件的隐藏缺陷特别是重要零件的细微缺陷的检测，对于保证维修质量和使用安全具有重要意义，必须认真进行，主要有以下一些办法。

① 渗透显示法：将清洗干净的零件浸入煤油中或柴油中片刻，取出后将表面擦干，撒上一层滑石粉，然后用小锤轻敲零件的非工作面，如果零件有裂纹时，由于振动使浸入裂纹的油渗出，而使裂纹处的滑石粉显现黄色线痕。

② 荧光显示法：先将被检验零件表面洗净，用紫外线灯照射预热 10min，使工件表面在紫外线灯下观察呈深紫色，然后用荧光显示液均匀涂在零件工作表面上，即可显示出黄绿色缺陷痕迹。

③ 探伤法：磁粉探伤检验、超声波检验、射线照相检验。主要用来测定零件内部缺陷及焊缝质量等。

9.2　零部件检验

9.2.1　紧固件

① 螺纹连接件和锁紧件必须齐全，牢固可靠。螺栓头部和螺母不能有铲伤或棱角严重变形。螺纹无乱扣或秃扣。

② 螺母必须拧紧。螺栓的螺纹应露出螺母 1～3 个螺距，不能在螺母下加多余的垫圈来减少螺栓伸出长度。

③ 弹簧垫圈应有足够的弹性。

④ 同一部位的紧固件规格必须一致，螺栓不得弯曲。

9.2.2　键和键槽

　　① 键不能松旷，键和键槽之间不能加垫。键装入键槽处，其工作面应紧密结合，接触均匀。

　　② 矩形花键及渐开线花键的接触齿数应不少于 2/3。键齿厚的磨损量不能超过原齿厚的 5%。

9.2.3　轴和轴承

　　① 轴不能有裂纹、损伤或腐蚀，运行时无异常振动。

　　② 轴承润滑良好，不漏油，转动灵活，运行时无异响和异常振动。滑动轴承温度不超过 65℃，滚动轴承温度不超过 75℃。

9.2.4　齿轮

　　① 齿轮无断齿，齿面无裂纹和剥落等现象。齿面点蚀面积不超过全齿面积的 25%，深度不超过 0.3mm。用人力转动时，转动应灵活、平稳并无异响。

　　② 两齿轮啮合时，两侧端面必须平齐。圆柱齿轮副啮合时，齿长中心线应对准，偏差不大于 1mm，其啮合面沿齿长不小于 50%，沿齿高不小于 40%，圆锥齿轮副啮合时，端面偏差不大于 1.5mm，其啮合面沿齿高、齿宽不小于 50%。

　　③ 弧齿锥齿轮应成对更换。

9.2.5　减速器

　　① 减速器箱体不得有裂纹或变形，如有轻微裂纹，允许焊补修复，但应消除内应力。

　　② 减速器箱体接合面应平整严密，垫应平整无褶皱，装配时应涂密封胶，不得漏油。

　　③ 减速器内使用油脂牌号正确，油质清洁，油量合适。润滑油面约为大齿轮直径的 1/3，轴承润滑脂占油腔 1/2～1/3。

　　④ 空载运行正、反转各半小时，减速器各部温升正常，无异

响，无渗漏油现象。

9.2.6 联轴器

① 弹性联轴器和弹性圈内径应与柱销紧密贴合，外径与孔应有 0.3～0.7mm 间隙，柱销螺母应有防松装置。

② 齿轮联轴器齿厚磨损量不得超过原齿厚的 20%。

③ 液力偶合器外壳不得有变形、损伤、腐蚀或裂纹，工作介质清洁，易熔合金塞完整，其熔化温度应符合各型号液力偶合器的规定，一般在 120～140℃。

9.2.7 密封件

各部密封件齐全，密封性能良好，O 形密封圈无过松、过紧现象，装在槽内不得扭曲、切边，保持性能良好。

9.2.8 涂饰

各种设备的金属外露表面均应涂防锈漆，涂漆前，必须清除毛刺、氧化层、油污等脏物，按钮、油嘴、注油孔、油塞、防爆标志等外表面应涂红色油漆。电动机涂漆颜色应与主机一致。

> 9.3 空载运转试验

① 机床主运动机构从最低转速起，依次升速运转，每级速度的运转时间不得少于 5min。在最高转速时，应运转足够的时间（不得少于 30min），使主轴轴承达到稳定温度 70℃，温升少于 40℃；滑动轴承温升不超过 60℃，温升少于 30℃。

② 操纵机床的进给机械做低、中、高进给量的空载运动。

③ 在所有转速下，机床的传动机械应工作正常、无明显冲击和振动，各操作机械工作应平稳可靠，噪声不超过规定标准。

④ 润滑系统应正常、可靠、无泄漏现象。

⑤ 电气装置、安全防护装置和保险装置应正常、可靠。

▶9.4　负荷运转试验

（1）全负荷强度试验

① 试验目的是考核机床主轴传动系统能否达到设计所允许的最大转矩和功率。

② 试验方法是将尺寸为 $\phi120\text{mm}\times250\text{mm}$ 的 45 钢试件，一端卡盘夹紧，一端用顶尖顶住。用 YT5 硬质合金的 45°标准外圆车刀，在主轴转速为 50r/min、背吃刀量为 12mm、进给量为 0.6mm/r 的切削用量下，进行强力车外圆。

③ 要求在全负荷试验时，机床所有机构均正常工作，主轴转速不得比空运转时的转速降低 5％以上。

④ 试验时，允许将摩擦离合器适当调紧些，等切削结束后再调松于正常状态。

（2）精车外圆试验

① 试验的目的是检验车床在正常工作温度下，主轴轴线与床鞍移动方向是否平行，主轴的旋转精度是否合格。

② 试验方法是在车床卡盘上夹持尺寸为 $\phi80\text{mm}\times250\text{mm}$ 的 45 钢试件，不用尾座顶尖。采用高速钢 60°车刀，在主轴转速为 400r/min、背吃刀量为 0.15mm、进给量为 0.1mm/r 的切削用量下，精车外圆表面。

③ 要求试件的圆度误差不大于 0.01mm；圆柱度误差不大于 0.01mm/100mm；表面粗糙度 Ra 值不大于 $3.2\mu\text{m}$。

（3）精车端面试验

① 试验的目的是检查车床在正常工作温度下，刀架横向移动时对主轴轴心线的垂直度误差和横向导轨的直线度误差。

② 试件为 $\phi250\text{mm}$ 的铸铁圆盘，用卡盘夹持。采用 YG8 硬质合金 45°车刀，在主轴转速为 250r/min、背吃刀量为 0.2mm、进给量为 0.15mm/r 的切削用量下，精车端面。

③ 求试件的平面度误差不大于 0.02mm，而且只许中凹。

（4）车槽试验

① 试验的目的是考核车床主轴系统和刀架系统的抗振性能。

检查主轴部件的装配精度和旋转精度、滑板和刀架系统刮研配合面的接触质量和配合间隙的调整是否合格。

② 试件为 $\phi80mm \times 150mm$ 的 45 钢，用卡盘夹持，采用前角为 $8° \sim 10°$、后角为 $5° \sim 6°$、宽度为 5mm 的 YT15 硬质合金车刀，在主轴转速为 $200 \sim 300r/min$、进给量为 $0.1 \sim 0.2mm/r$ 的切削用量下，距卡盘端 120mm 处车槽，不应有明显的振动和振痕。

（5）精车螺纹试验

① 试验的目的是检查在车床上车螺纹时，传动系统的准确性。

② 试件为 $\phi40mm \times 500mm$ 的 45 钢，两端用顶尖安装，采用高速钢 60° 标准螺纹车刀，在主轴转速为 20r/min、背吃刀量为 0.02mm、进给量为 6mm/r 的切削用量下车螺纹。

③ 要求螺距累计误差应小于 0.025mm/100mm，表面粗糙度 Ra 值不大于 $3.2\mu m$，且无振动波纹。

9.5　整机精度检验

完成上述各项试验以后，在车床热平衡状态下，应对整机进行一次全面精度检验。一般金属加工机床精度分为两大类，即机床的几何精度和加工精度，机床的功能和精度要求不同，检验项目也就不同。机床精度检验方法是企业设备维修技术人员必须掌握的知识和技能。各种机床在安装和大修后均应按《金属切削机床精度检验通则》和《检验通则》的规定，对相关精度进行认真检验和验收。

机床几何精度检验是机床处于非运行状态下，对机床主要零部件质量指标误差值进行的测量，它包括基础件的单项精度、各部件间的位置精度、部件的运动精度、定位精度、分度精度和传动链精度等。一般机床的几何精度检验分两次进行，一次在空运转试验后，负荷试验之前进行；另一次在工作精度检验之后进行。

机床的加工精度指零件经切削加工后，其尺寸、形状、位置等参数同理论参数相符合的程度，偏差越小，加工精度越高，机床加工精度的检验也可以与负荷运转试验同时进行。

参考文献 ‹‹‹

[1] 刘亮. 钳工手册. 武汉：湖北科学技术出版社，2010.

[2] 徐洪义，范志. 机修钳工. 北京：中国劳动社会保障出版社，2007.

[3] 蒋知民. 机械制图新标准. 北京：机械工业出版社，2010.

[4] 邱言龙. 机修钳工入门. 北京：机械工业出版社，2009.

[5] 吴拓. 金属切削加工及装备. 北京：机械工业出版社，2006.

[6] 刘东升. 机修钳工实用技术手册. 南京：江苏科学技术出版社，2006.

[7] 孙庚午. 安装钳工手册. 郑州：河南科学技术出版社，2010.

[8] 张忠狮. 机修钳工操作技术与实例. 上海：上海科学技术出版社，2011.

[9] 黄宇婷. 机械装配与调试. 北京：科学技术出版社，2017.

[10] 徐兵. 机械装配技术. 北京：中国轻工业出版社，2014.